PHYSIOLOGIE COMPARÉE

MÉTAMORPHOSES

DE L'HOMME ET DES ANIMAUX

PAR

A. DE QUATREFAGES

MEMBRE DE L'INSTITUT (ACADÉMIE DES SCIENCES.)

PROFESSEUR AU MUSÉUM D'HISTOIRE NATURELLE.

PARIS

J. B. BAILLIÈRE ET FILS

LIBRAIRES DE L'ACADÉMIE IMPÉRIALE DE MÉDECINE

Rue Hautefeuille, 19.

LONDRES | **NEW-YORK**

HIPP. BAILLIÈRE, 219, REGENT-STREET. | BAILLIÈRE BROTHERS, 440, BROADWAY.

MADRID, C. BAILLY-BAILLIÈRE, PLAZA DEL PRINCIPE ALFONSO, 16.

1862

MÉTAMORPHOSES

DE L'HOMME ET DES ANIMAUX

OUVRAGES DU MÊME AUTEUR :

Études sur les maladies actuelles du ver a soie. 1859. 1 vol. in-4. Planches coloriées.

Nouvelles recherches sur les maladies actuelles du ver a soie. 1860. 1 vol. in-4.

Essai sur l'histoire de la sériciculture. Brochure in-18. 1860.

Recherches anatomiques et zoologiques faites pendant un voyage en Sicile, par MM. *Milne-Edwards, A. de Quatrefages et Émile Blanchard*. 3 vol. grand in-4.

Les recherches de chacun des auteurs forment 1 volume séparé, accompagné de nombreuses planches coloriées.

Souvenirs d'un naturaliste. 1854. 2 vol. in-18 jésus.

Unité de l'espèce humaine. Paris, 1861. In-18 jésus de 420 pages.

Corbeil. — Typ. et stér. de Crété.

PHYSIOLOGIE COMPARÉE

MÉTAMORPHOSES

DE L'HOMME ET DES ANIMAUX

PAR

A. DE QUATREFAGES

MEMBRE DE L'INSTITUT (ACADÉMIE DES SCIENCES),

PROFESSEUR AU MUSÉUM D'HISTOIRE NATURELLE.

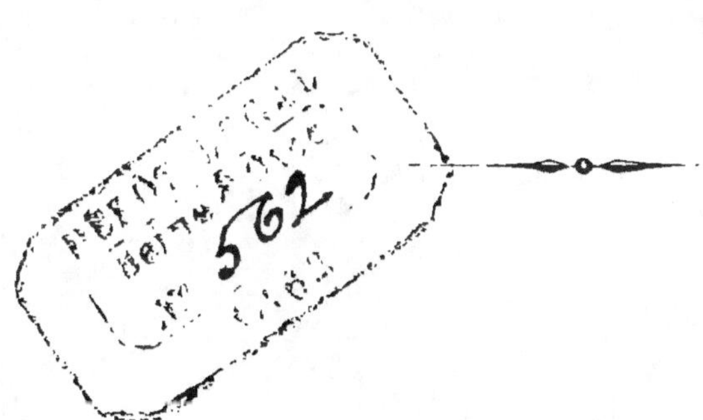

PARIS

J. B. BAILLIÈRE et FILS

LIBRAIRES DE L'ACADÉMIE IMPÉRIALE DE MÉDECINE

Rue Hautefeuille, 19.

LONDRES　　　　　**NEW-YORK**

HIPP. BAILLIÈRE, 219, REGENT-STREET. | BAILLIÈRE BROTHERS, 440, BROADWAY.

MADRID, C. BAILLY-BAILLIÈRE, PLAZA DEL PRINCIPE ALFONSO, 16.

1862

AVERTISSEMENT

J'ai eu longtemps la pensée de publier une *Embryogénie générale;* et, en partie pour mieux me préciser à moi-même le résultat de mes études, en partie pour appeler l'attention du public intelligent, mais étranger aux sciences naturelles, sur les phénomènes les plus curieux qui accompagnent la formation des êtres organisés, je publiai dans la *Revue des Deux Mondes* une série d'articles sur les *métamorphoses* (1855 et 1856).

Ce sont ces articles que je réimprime aujourd'hui, en tenant compte des progrès accomplis depuis lors. Je n'ai rien eu à changer à mes idées générales ; mais, indépendamment d'un très-grand nombre d'additions et de modifications de détail, j'ai refait à peu près en entier le chapitre des infusoires, et ajouté tout ce qui est relatif à la parthénogenèse, dont l'étude commençait précisément à l'époque de ma première publication.

Cette origine expliquera la forme donnée à ce livre. Dans les articles dont il est la reproduction, je devais éviter d'être trop technique, tout en ne présentant que des idées vraies, appuyées sur les exemples les plus frappants. — Aujourd'hui, sous peine d'être obligé de faire une œuvre entièrement nouvelle, je ne pouvais que lui conserver ce caractère.

Tel qu'il est, cet ouvrage sera, j'espère, accessible à toute personne habituée aux lectures sérieuses. En même temps il présentera aux hommes spéciaux les principaux faits qu'ils connaissent réunis dans un cadre qui m'est propre, et des indications sur un assez grand nombre de travaux dispersés çà et là. Peut-être à ces divers points de vue pourra-t-il être de quelque utilité. Tel est du moins le but que je me suis proposé en le publiant.

15 mars 1862.

MÉTAMORPHOSES

DE

L'HOMME ET DES ANIMAUX

CHAPITRE PREMIER

Tourbillon vital.

« Nos corps se transforment, a dit Ovide : ce que nous étions hier, ce que nous sommes aujourd'hui, nous ne le serons pas demain (1). » Le chantre des *Métamorphoses* proclamait là une vérité bien plus profonde qu'il ne le croyait sans doute. Après trois siècles d'expériences et d'observations, la science moderne a confirmé de tout point les paroles du poëte d'Auguste.

Tout au contraire des corps inorganiques, pour lesquels l'immobilité est une condition de durée

---

(1)   « Corpora vertuntur ; nec quod fuimusve sumusve
        Cras erimus... »

1

peut-être absolue, les êtres vivants n'existent qu'à la condition d'être le siége de mouvements continuels. Mettez dans le plateau d'une balance un animal, un végétal quelconque, et cherchez à en déterminer le poids avec la rigueur que permettent d'atteindre nos instruments perfectionnés. A peine parviendrez-vous à établir l'équilibre, et sitôt obtenu, cet équilibre se rompra comme de lui-même. Toujours le plateau portant l'être vivant mis en expérience s'élèvera, toujours celui où ont été placés les poids correspondants s'abaissera. De ce résultat, il faudra bien conclure qu'à chaque instant de leur vie les plantes, les animaux et l'homme lui-même perdent quelque chose de leur substance.

Sous peine de mort, ces pertes incessantes doivent être incessamment réparées ; et de là résulte pour tous les êtres appartenant aux deux règnes la nécessité de *se nourrir*. Les animaux et les végétaux empruntent donc au monde extérieur certains matériaux, lesquels, convenablement élaborés, comblent à chaque instant le vide qui ne cesse de se faire. Durant le jeune âge chez tous les êtres vivants, pendant toute la vie chez un certain nombre d'entre eux, la quantité de matière fixée par l'organisme dépasse de quelque chose la quantité de matière rejetée, et de là résulte l'accroissement de l'individu. Chez l'adulte, ces quantités sont en moyenne rigoureusement égales : de là son état stationnaire. Chez le vieillard enfin, la force de décomposition a le dessus. Mais soit que la perte et le gain se balancent, soit que l'un ou l'autre l'emporte, le double mouvement d'apport ou de départ ne s'arrête jamais.

Ici se présente une question importante assez difficile à résoudre. Le *tourbillon vital*, pour employer l'expression consacrée, tient-il l'organisme entier sous sa dépendance, ou bien laisse-t-il certaines parties en dehors de sa sphère d'action ?

Cette dernière hypothèse a été et est peut-être encore celle de quelques physiologistes qui ont poussé jusqu'à ses conséquences extrêmes la comparaison des corps vivants avec les appareils employés par l'industrie ou dans nos laboratoires. Pour eux, le corps humain lui-même est quelque chose comme une locomotive. Ce qu'il y a de solide dans nos organes représente l'ensemble des rouages, tubes, pistons, etc. La machine reçoit de la houille et de l'eau ; elle porte avec elle son foyer et prépare, sans aucune intervention directe du chauffeur, la vapeur nécessaire pour mettre en jeu le mécanisme ; de même, disent les physiologistes physiciens, notre corps reçoit chaque jour sa ration d'aliments et de boissons ; il brûle une partie de ces matériaux pour entretenir la chaleur vitale, et fabrique avec le reste les organes qui lui manquent encore et les liquides nécessaires au jeu de l'ensemble. Chez nous d'ailleurs, comme dans la locomotive, la matière solide une fois fixée ne change pas, ou tout au plus s'use à la longue. Ce qui se dépense et veut être renouvelé, c'est seulement la houille et l'eau, les aliments et les boissons, — changés, dans la machine, en vapeur et en fumée, — dans l'homme, en vapeur aussi et en diverses sécrétions.

Cette théorie, on le voit, saute à pieds joints sur les difficultés que présente l'histoire du développement : elle est faite surtout pour un organisme entièrement constitué et en plein exercice de toutes ses fonctions. Mais alors du moins supporte-t-elle l'épreuve de l'application et rend-elle compte des faits que nous présentent le maintien et la décadence des organismes? — Pas davantage, au moins dans le règne animal.

Chez l'homme adulte, chez le vieillard, de nombreux phénomènes normaux ou pathologiques démontrent le mouvement continuel de la matière solide aussi bien que celui des liquides. Les expériences déjà anciennes de Duhamel, si habilement reprises et développées par M. Flourens, les travaux de M. Chossat, couronnés par l'Académie des sciences, ne sauraient laisser prise au doute. Le dernier, entre autres, a nourri des poules, des pigeons avec des aliments ordinaires dont il avait seulement enlevé tous les sels calcaires. Il fournissait ainsi à ces oiseaux les éléments nécessaires à l'entretien de tous les tissus, moins la matière inorganique qui, associée à une trame vivante, donne aux os leur solidité. Au bout d'un certain temps, poules et pigeons ont langui et sont morts. Alors on a trouvé le squelette altéré, des os amincis ou même perforés. Le reste de l'organisme avait été *nourri ;* seul, le tissu osseux n'avait pu réparer ses pertes, et celles-ci se

trahissaient par de graves lésions (1). — Ainsi les os
eux-mêmes, ces organes peut-être les moins vivants
de tous, et que les physiologistes dont nous combattons les idées ont presque assimilés à des corps
bruts, sont, comme les plus délicates parties du
corps, quoiqu'à un moindre degré, soumis au tourbillon vital (2).

On le voit, jusque dans les profondeurs les plus
cachées des êtres vivants règnent deux courants contraires : l'un enlevant sans cesse et molécule à molécule quelque chose à l'organisme, l'autre réparant

(1) Le développement des os, les mouvements moléculaires
dont ils sont le siége, ont été l'objet de très-nombreux travaux et
de vives controverses. Dans un ouvrage de la nature de celui-ci,
je ne puis indiquer qu'un petit nombre de ces travaux. Ceux de
M. Flourens ont été publiés d'abord dans les *Archives du Muséum*, 1842, puis, avec de nouveaux développements dans son
livre intitulé : *Théorie expérimentale de la formation des os*,
Paris, 1847. L'expérience de M. Chossat, que je rapporte, a été
communiquée à l'Académie en dehors de son grand mémoire :
Recherches expérimentales sur l'Inanition, qui a remporté le prix
de physiologie en 1841.

(2) Les résultats obtenus par les physiologistes déjà nommés
tout à l'heure, comparés à ceux qu'ont fait connaitre MM. Serres
et Doyère, Brullé et Hugueny, et à ceux qui résultent d'un travail d'analyse très-remarquable, lu à l'Académie par M. Fremy,
conduisent à une conséquence déjà nettement formulée par
M. Flourens, savoir que dans les os le tourbillon vital subit des
temps d'arrêt parfois fort prolongés. Il est probable que les autres tissus doivent présenter des phénomènes plus ou moins analogues. Mais quant au fait même du renouvellement de la matière, il suffit, pour ne pas conserver de doute sur sa réalité, de
relire les quelques lignes consacrées à cette question, par Müller,
dans son *Manuel de physiologie*, traduit par Jourdan. 2e édition,
Paris, 1851, t. I, p. 325.

au fur et à mesure des brèches qui, trop élargies, entraîneraient la mort. Au bout d'un temps donné, dans chaque individu, le renouvellement total ou presque total de la matière doit être la conséquence de cette double action.

C'est là un fait des plus importants. — En présence de cette instabilité des éléments organiques, la constance absolue des formes et des proportions dans les êtres vivants ne se comprendrait guère, et l'esprit s'habitue sans peine à admettre la possibilité des changements les plus considérables. Certes nous ne connaissons pas la cause qui provoque ces changements, détermine l'ordre de leur succession, et les renferme dans d'infranchissables limites, mais du moins nous entrevoyons un des principaux procédés mis en œuvre par la nature pour créer, développer, maintenir et détruire sous l'influence de la vie.

CHAPITRE II

Métamorphose en général. — Définitions.

Quelques granulations à peine visibles sous les plus forts grossissements, ou même une seule utricule moins épaisse que la pointe de la plus fine aiguille, voilà ce que sont à l'origine les germes végétaux ou animaux, graines, bourgeons, bulbilles ou œufs. Ainsi commence le chêne comme l'éléphant, la mousse comme le ver ; telle est certainement la première apparence de ce qui plus tard sera un homme. Entre ces points de départ et ces points d'arrivée, on comprend tout ce qu'il doit exister d'intermédiaires, et quel immense champ de recherches s'ouvre ici pour l'observateur. En apparence entièrement semblables au début, il faut que toutes les espèces animales ou végétales se différencient et acquièrent leurs caractères propres. Chacune d'elles présentera donc des faits particuliers à découvrir.

C'est à la conquête de ce monde de phénomènes que la science moderne a marché, d'abord un peu à l'aventure et comme à tâtons, puis d'un pas de plus en plus ferme, au point d'avoir pu reconnaître, sinon les *lois absolues*, du moins les *tendances générales* du développement. Retracer ici cet ensemble de faits et d'idées, même en nous bornant à la zoologie, ce serait vouloir dépasser de beaucoup les bornes que nous nous sommes fixées; mais parmi les questions que les études récentes ont éclairées d'un jour tout nouveau, il en est une, celle des métamorphoses, que connaissent au moins par son titre la plupart des esprits cultivés. A vrai dire elle comprend la plupart des autres. Voilà pourquoi j'ai essayé de la traiter dans son ensemble, espérant donner ainsi à tout lecteur sérieux une idée générale des merveilleux phénomènes que présente le développement des êtres vivants.

Le mot de *métamorphose* a été pris longtemps dans une acception à la fois restreinte et peu précise. On désignait par là les changements très-considérables subis après l'éclosion par quelques animaux, par les insectes en particulier. On faisait ainsi de ces changements un groupe de phénomènes à part et presque entièrement distincts de ceux que présente la formation des embryons dans l'œuf des espèces ovipares ordinaires. A plus forte raison les regardait-on comme ayant tout au plus quelque bien lointaine analogie avec ceux qu'on observe dans le développement des espèces vivipares. Enfin le terme de *métamorphose* s'appliquait à peu près exclusivement aux modifications soit de la forme extérieure, soit de quelque grand appareil influant d'une manière directe sur le genre de vie de l'animal.

C'était là de graves erreurs. La nature d'un phénomène ne change pas avec le lieu où il doit s'accomplir, avec son plus ou moins d'étendue. Pour se passer à l'abri d'une coque ou dans le sein de la mère, pour ne frapper qu'un seul organe ou porter sur le corps entier, les changements de forme et de fonction ne perdent rien de leur essence. Tous ont pour cause première la vie qui anime la matière, qui démolit et reconstruit sans cesse, à l'aide du tourbillon vital, ces édifices merveilleux que nous appelons les *êtres vivants*.

Nous avons dit ailleurs comment il faut traduire la fameuse phrase : — *Omne vivum ex ovo* (1). — Tout être vivant, par conséquent tout animal, provient d'un germe. Avec l'organisation de ce germe commence une série de transformations générales ou particlles, rapides ou lentes, qui ne prend fin qu'avec la vie. Ainsi l'aphorisme de Harvey conduit nécessairement à cet autre : — Tout être vivant subit des métamorphoses. — Au fond, celles-ci sont dues à la même cause, opérées par les mêmes procédés. Y voir des faits d'ordres divers, parce qu'elles sont un peu plus ou un peu moins faciles à constater, ne serait ni scientifique ni vrai.

C'est là ce qu'avaient senti et exprimé plus ou moins clairement quelques naturalistes modernes, et surtout Dugès, Isidore Geoffroy Saint-Hilaire, Carus et Burdach ; mais M. Duvernoy le premier a com-

____

(1) *Revue des Deux-Mondes*, livraison du 15 mars 1850, et *Souvenirs d'un naturaliste*. 1854.

1.

pris toute la valeur de cette idée, et l'a systématisée par son enseignement et ses écrits (1). Dès 1841, ce naturaliste prenait pour texte de son cours au Collége de France *les métamorphoses*. Partageant l'existence entière de tout animal en cinq époques distinctes, il comparait les espèces à elles-mêmes et les divers groupes entre eux, à cés cinq époques, sous le triple point de vue des formes extérieures, de l'organisation interne et de l'accomplissement des fonctions. Quatre années suffirent à peine pour remplir ce cadre immense, le plus propre sans contredit à donner une idée complète du règne animal. Il en faudrait davantage aujourd'hui. Depuis cette époque, la science a enregistré bien des faits nouveaux, et les doctrines d'il y a vingt ans ont dû se modifier

(1) Compatriote et collaborateur de Cuvier, M. Duvernoy, très-jeune encore, avait, de compagnie avec M. Duméril, attaché son nom à un des grands monuments scientifiques du siècle, à l'*Anatomie comparée*. Il fut alors nommé professeur à la Sorbonne, mais ne tarda pas à donner sa démission. Après une assez longue interruption déterminée par des raisons de famille, il rentra dans la science et dans l'enseignement comme professeur de zoologie à la Faculté de Strasbourg. Puis, appelé successivement au Collége de France et au Muséum, il occupa les deux chaires principales de son illustre maître. Il sut y conserver dignement les traditions dont il était le représentant. Peu d'hommes ont donné à la science des preuves aussi nombreuses d'un dévouement sincère et actif. On peut dire de M. Duvernoy qu'il est tombé au champ d'honneur, car, presque à la veille de sa mort· et malgré les observations de ses médecins, il corrigeait encore les épreuves d'un travail très-important sur l'ensemble des singes anthropomorphes et en particulier sur le gorille. M. Duvernoy est mort en 1855.

en bien des choses. Mais j'avais à cœur de rappeler ici la part prise à ce mouvement scientifique par celui qui fut mon premier maître en zoologie et resta toujours pour moi un ami.

Les germes, premiers rudiments des êtres organisés, peuvent être rapportés à trois types principaux distincts qu'on retrouve dans les deux règnes (1). Les animaux en particulier se multiplient par des œufs et par des bourgeons fixes ou caducs. Nous reviendrons plus loin sur ces deux derniers modes de propagation. Disons ici que le premier seul est fondamental, et que la distinction entre les espèces ovipares et les espèces vivipares, bien qu'admise encore dans le langage scientifique, n'est en réalité que nominale. Baër en découvrant l'œuf des mammifères, M. Coste en démontrant que cet œuf possède les mêmes parties que l'œuf des oiseaux, avaient établi ce fait, qu'ont mis depuis hors de doute les recherches de plus en plus approfondies de ces deux naturalistes et les beaux travaux des physiologistes anglais et allemands, Barry, Bernhardt, Bischoff, Warthon Jones, Valentin, Wagner, etc. Il est aujourd'hui pleinement démontré que les mammifères et l'homme lui-même proviennent, aussi bien que les oiseaux et les reptiles, de véritables œufs.

D'un bout à l'autre du règne animal, la structure

(1) J'ai traité cette question des germes avec quelques détails dans les *Souvenirs d'un naturaliste*, dans le chapitre intitulé *Saint-Sébastien*.

de ces derniers est très-probablement identique dans ce qu'elle a d'essentiel. Dans les mammifères comme dans les rayonnés ou les vers, dans l'homme comme dans la hermelle ou la synapte, trois sphères emboîtées l'une dans l'autre et comprises dans une membrane transparente constituent le germe. A ces trois sphères peuvent se joindre des enveloppes variées, des couches accessoires pour les protéger ou aider à l'alimentation du nouvel être ; mais toujours on retrouve dans la membrane vitelline le *vitellus* ou *jaune* enveloppant la *vésicule germinative de Purkinje*, qui renferme elle-même la *tache germinative de Wagner*.

Le rôle précis dévolu à chacune de ces sphères est loin d'être déterminé ; mais il est du moins certain que le vitellus est surtout composé de matières organisables et nutritives. Chez certains ovipares, cette provision d'aliments est considérable : une faible partie suffit à la constitution du nouvel être, qui se nourrit et s'accroît aux dépens du reste. Le poisson, par exemple, sort de l'œuf complétement formé. Toutefois il porte encore à son ventre une large poche renfermant la plus grande partie du jaune, et celui-ci, lentement résorbé, lui permet de se passer de nourriture pendant plus d'un mois après l'éclosion. Chez tous les vivipares au contraire, le vitellus est fort petit. Il ne saurait suffire à l'embryon, qui doit tirer du dehors les matériaux nécessaires à tout développement ultérieur.

De cette seule différence résulte pour certains

germes la possibilité de se séparer complétement
de la mère; pour certains autres, la nécessité de
vivre quelque temps à l'intérieur de celle-ci. L'œuf
des ovipares à grand vitellus est pondu, c'est-à-dire
expulsé, et souvent abandonné à toutes les influences extérieures, sans autre protection qu'une mince
membrane ou une légère coque de nature inorganique. L'œuf des vivipares, resté tout entier vivant,
se greffe dans le sein maternel comme une plante
parasite, aspire des sucs nourriciers qu'il partage
avec l'embryon, et grandit avec lui. Les phénomènes
qu'il présente, tous commandés par la nécessité de
nourrir le jeune animal, ne changent en rien sa
nature, et au dernier moment l'identité reparaît.
Pour entrer dans le monde, le mammifère, l'homme,
ont à déchirer leurs enveloppes comme l'oiseau
rompt sa coquille. — La naissance est une véritable
éclosion.

Or, dans certaines espèces, l'embryon, une fois
complété et passé à l'état de fœtus, ressemble déjà
à ses parents. Au moment de l'éclosion, il présente
à peu près les formes générales qu'il gardera jusqu'à sa mort. Le mode d'accomplissement des principales fonctions est définitivement déterminé pour
toujours. Si quelques organes sont encore peu développés, du moins tous existent, et aucun ne doit
disparaître. Les changements qui auront lieu chez
l'animal après l'éclosion seront donc peu de chose
et tiendront surtout à quelques variations de taille
et de proportion. Tel est le cas de tous les vivi-

pares (1) et d'un grand nombre d'ovipares. — Chez eux, la nature semble avoir marché en ligne droite. Chaque modification imprimée au germe a rapproché le nouvel être de son type définitif.

Au contraire, dans d'autres espèces, toutes ovipares, l'animal qui sort de l'œuf s'éloigne presque à tous égards de ses père et mère. Il n'a ni leur forme, ni leur genre de vie. Souvent il est fait pour habiter un milieu différent. On lui trouve des appareils entiers qui n'existent pas chez ses parents : en revanche, ces derniers en possèdent d'autres qui manquent à leur fils. Pour revenir au type originel, celui-ci devra donc passer par des modifications profondes. — Ici déjà la nature semble se plaire à allonger la route et n'arriver au but qu'après de longs détours ; mais du moins cette route est simple, nettement tracée et sans aucun carrefour.

Dans les deux cas précédents, chaque germe n'engendre qu'un seul individu conservant son unité intacte de la naissance jusqu'à la mort. Les trois embranchements inférieurs, — annelés, mollusques et zoophytes, — nous réservent des faits bien plus étranges, et dont la signification véritable est une des plus récentes acquisitions de la science. Dans certaines espèces toujours ovipares, chaque œuf

(1) Les marsupiaux (sarigue, kanguroo, etc.) pourraient être cités comme une exception ; mais ces vivipares à double gestation, éclos dans le sein de la mère et portés quelque temps dans la poche marsupiale, présentent au fond les mêmes phénomènes que les mammifères ordinaires.

produit un animal sans aucun rapport apparent avec ceux qui lui donnèrent naissance. Puis cet animal engendre à lui seul, et comme de toutes pièces, un grand nombre d'autres êtres, qui le plus souvent ne lui ressemblent pas davantage. Ici plusieurs individus, plusieurs générations ont pour point de départ un seul et même germe. En outre les dissemblances portent non plus seulement sur un seul individu étudié à divers âges, mais sur des générations entières qui se succèdent, toujours différant les unes des autres jusqu'à la dernière, laquelle seule reproduit le type premier. — Pour rester fidèle à notre métaphore, nous dirons que chez ces animaux la route suivie par la nature est d'abord unique et à peu près directe, mais que bientôt elle va se divisant et se subdivisant en sentiers plus ou moins tortueux, aboutissant toutefois au même but.

Bien que ces faits se laissent ramener à la même cause et à des procédés fondamentaux communs, bien qu'ils ne soient en réalité qu'une continuation des phénomènes embryogéniques, ils diffèrent cependant assez pour qu'on les distingue dans le langage. Nous verrons d'ailleurs que les plus simples se retrouvent dans les plus complexes, et, sous peine d'ajouter encore aux difficultés du sujet, il faut bien les désigner par des dénominations spéciales.

En conséquence j'appellerai *transformation* l'ensemble des changements qu'éprouve un germe quelconque pour se constituer à l'état d'embryon, ceux qu'on observe dans tout animal encore contenu dans l'œuf, ceux enfin que présentent, dans le cours de leur vie extérieure, les espèces qui naissent avec des formes à peu près arrêtées.

Je conserverai le nom connu de *métamorphose* aux changements subis après l'éclosion, et qui altèrent profondément la forme générale ou le genre de vie de l'individu.

Je désignerai enfin par le terme nouveau de *généagenèse* (1) les changements qui portent sur les générations elles-mêmes. C'est sur ce dernier ordre de phénomènes que j'insisterai plus spécialement, comme étant les moins connus (2).

(1) De γενεά et de γένεσις, littéralement, *engendrement de générations*. On a proposé d'autres expressions pour désigner les phénomènes dont il s'agit ici. Nous examinerons plus loin cette question avec détail, en faisant connaître les faits.

(2) M. Ed. Claparède a publié (*Bibliothèque universelle de Genève*, 1854), un travail ayant pour objet un des phénomènes principaux de la généagenèse (*la métagenèse* ou *génération alternante*) ; mais il ne pouvait aborder ce sujet sans toucher aux autres modes de développement, et il en résulte que nous avons parfois abordé les mêmes questions. Dès à présent, j'ai à faire remarquer que ce naturaliste admet aussi trois modes de développement chez les animaux inférieurs, savoir : « 1º Développement par métamorphose, comme nous en trouvons des exemples dans les batraciens, les insectes, les crustacés, les arachnides, les mollusques et une partie des vers ; 2º développement par métagenèse, soit génération alternante ou à deux degrés, comme nous en trouvons des exemples dans les pucerons, les salpes, les helminthes, les hydroméduses et les infusoires proprement dits ; 3º développement mixte dans lequel la métagenèse et la métamorphose coexistent l'une à côté de l'autre ou plutôt fondues l'une dans l'autre. C'est le cas des échinodermes. »

Cet extrait suffit pour montrer qu'il y a entre nos deux manières de voir un certain accord et aussi de grandes différences.

CHAPITRE III
Transformations de l'œuf.

De la ressemblance à peu près absolue que présentent dans leur composition tous les œufs étudiés jusqu'ici, il serait presque permis de conclure à l'identité des premiers phénomènes de transformation. Tel me paraît aussi être le résultat général des recherches, déjà fort nombreuses, dues à une foule de naturalistes.

Sans doute, et surtout lorsqu'il s'agit des animaux supérieurs, l'accord est loin d'être parfait; mais dans bien des cas on peut expliquer les divergences en supposant que chaque observateur a vu seulement certaines phases d'un phénomène complexe dont l'ensemble lui échappait. Pour saisir cet ensemble, il est nécessaire de recourir aux espèces inférieures, et encore faut-il choisir. Une coque non transparente, l'opacité du jaune, trop de lenteur dans les modifications de forme et de texture seront autant d'obstacles souvent insurmontables. C'est pour avoir trouvé, parmi les annélides et les mollusques, des animaux à transformations rapides et à œufs transparents, que j'ai pu distinguer les phénomènes dus à la vitalité propre du germe de ceux qu'entraîne la fécondation, déterminer toute une période jusque-là méconnue, et constater le fait bien extraordinaire d'une coque devenant la peau même de l'animal. Peut-être quelqu'un de mes lecteurs comprendra-t-il qu'il s'agit des hermelles et des tarets (1). Amour-propre d'auteur à part, et par cela seul que les premiers temps de leur embryogénie me sont personnellement le plus complétement connus, je prendrai ces espèces pour terme de comparaison. A ce que nous apprendra leur étude, j'opposerai les principaux résultats obtenus chez les mammifères, mais je laisserai de côté les ovipares ordinaires, dont l'embryogénie, au point de vue qui nous occupe, n'aurait qu'un médiocre intérêt.

Après la ponte, chez la hermelle et le taret, l'œuf, qu'il soit ou non fécondé, devient le siége de mouvements intérieurs qui n'altèrent en rien sa forme générale, et dont on ne peut juger que par transparence. Une force mystérieuse agite le jaune, en

(1) Mes recherches sur ces deux espèces appartenant, la première à l'embranchement des annelés, la seconde à celui des mollusques, ont été publiés dans les *Annales des sciences naturelles*, années 1848 et 1849. Dans les mémoires relatifs à l'embryogénie, j'ai insisté d'une manière spéciale sur les mouvements qui accusent la vie propre de l'œuf et en particulier sur les phénomènes de segmentation qu'on observe chez eux en dehors de toute fécondation. En 1849, j'ai retrouvé les mêmes faits chez les *unio* (*Comptes rendus*). Parmi les naturalistes qui ont publié des faits semblables, je dois citer en particulier M. Vogt, dont l'autorité est si grande en pareille matière, et qui a vu les œufs non fécondés de firole se fractionner. (Cité par Siebold, dans son Mémoire sur la vraie parthénogenèse.)

accumule les granulations tantôt sur un point, tantôt sur un autre, tout en respectant la surface extérieure, et dessine ainsi dans la masse des ombres dont l'apparence change à chaque instant. Admettons que des mouvements de même nature se passent dans l'œuf des mammifères, et nous expliquerons comment MM. Barry et Bischoff, malgré tout ce qu'ils ont mis de savoir et d'habileté dans leurs recherches, n'ont pu toujours être d'accord ; comment le dernier surtout a rencontré parfois des œufs d'un aspect tout exceptionnel. La lenteur des modifications imprimées au jaune, l'impossibilité d'une observation prolongée, rendent aisément compte de ces apparentes contradictions. En réalité, très-probablement, les phénomènes sont identiques (1).

Dans la hermelle et le taret, la composition de l'œuf, fécondé ou non, se modifie sous l'influence de cette agitation. La vésicule de Purkinje, la tache de Wagner disparaissent. Leur contenu se mêle à la substance du jaune, avec laquelle il est comme pétri. Ici la ressemblance que nous cherchons à dé-

---

(1) Quelques-uns des dessins publiés par MM. Barry et Bischoff m'ont rappelé presque complétement les apparences passagères que j'avais observées surtout dans les œufs de hermelles. Grâce à la rapidité des phénomènes chez ces dernières, j'ai pu voir ces apparences s'effacer et être remplacées par d'autres (*Annales des sciences naturelles*, 1848). Je n'ai donc eu à attacher d'importance qu'au fait général. Privés de cet avantage, mes confrères n'ont pu agir comme moi. Au reste, depuis la publication de mon mémoire sur l'*Embryogénie des hermelles*, tout ce que j'ai fait connaître à cet égard a été confirmé.

montrer est complète. Chez les mammifères, comme chez les mollusques et les vers, la distinction entre les trois sphères disparaît indépendamment de toute fécondation. Au plus haut comme au plus bas de l'échelle animale, l'œuf manifeste ainsi son activité propre.

Si l'œuf de la hermelle ou du taret n'a pas été fécondé, ces mouvements s'accélèrent et deviennent de plus en plus irréguliers. L'œuf se décolore d'abord et se décompose ensuite. Ainsi disparaissent aussi sans doute les œufs non fécondés de mammifères. Pas plus au haut qu'au bas de l'échelle animale l'intervention de l'élément mâle n'a pour but de donner ou de réveiller une vie qui existe déjà dans l'œuf et se manifeste par des phénomènes appréciables. Son rôle est seulement de régulariser l'exercice de cette force et d'en assurer ainsi la durée. C'est là un fait très-important à signaler dès à présent et dont on sentira toute la valeur plus tard.

A la suite des mouvements dont nous venons de parler, et que l'œuf ait été feconde ou non (1), chez la hermelle et le taret il se forme, à la surface du jaune modifié, une sorte de mamelon par où s'échappent, comme chassés du dedans, un ou deux globules transparents. Quel est le vrai rôle de ces glo-

(1) M. Lacaze du Thiers a reconnu que l'expulsion du globule transparent avait lieu sans fécondation chez les acéphales (*Histoire du Dentale*, Paris, 1858). C'est là un fait très-important, en présence des théories actuelles déduites de la pénétration des spermatozoïdes dans l'œuf.

bules? On l'ignore. Toujours est-il qu'ils ont été rencontrés également dans l'œuf du lapin par Barry, Bischoff et Pouchet, dans celui du chien par Bischoff, dans ceux des tritons par Warthon Jones, et qu'on les trouvera sans doute chez les autres mammifères, reptiles et poissons. Vertébrés, annelés et mollusques se ressemblent encore sous ce rapport (1).

Quand l'œuf a été fécondé, à l'expulsion des globules succède chez le mammifère, tout comme chez la hermelle et le taret, un repos de courte durée. Le germe reprend sa forme sphérique un moment altérée, et montre alors une structure entièrement homogène; puis le mouvement recommence, et cette fois il porte sur l'extérieur aussi bien que sur l'intérieur. Un étranglement annulaire se prononce vers le milieu de la sphère animée et se creuse rapidement (2). Un second étranglement croise bientôt le premier à angle droit; il est suivi de plusieurs autres. Les sillons se multipliant, la masse entière semble composée de sphérules de plus en plus nombreuses, adhérentes entre elles, ce qui donne à l'ensemble un aspect framboisé; mais les

(1) D'après des recherches récemment communiquées à l'Académie, par M. Ch. Robin, les globules dont il s'agit manqueraient chez certains diptères, qui présenteraient dans les premiers temps du développement de l'œuf beaucoup d'autres phénomènes exceptionnels non moins remarquables.

(2) D'après M. Ch. Robin, ce premier sillon paraîtrait toujours sur le point par où est sorti le globule transparent qu'il nomme pour cette raison *globule polaire*. Mais cette généralisation est au moins prématurée.

progrès mêmes de cette division rendent peu à peu la surface lisse et ramènent presque l'état primitif. Seulement le germe s'est éclairci, et ses couches extérieures commencent à prendre l'apparence d'un jeune tissu. Ces singuliers phénomènes sont encore communs à tous les animaux (1). Découverts chez les grenouilles par MM. Prévost et Dumas, ils furent promptement observés chez un grand nombre d'invertébrés, puis chez les poissons par Rusconi, chez les mammifères par Bischoff, enfin chez les oiseaux et les reptiles écailleux par M. Coste (2). Ici toutefois apparaissent déjà de légères différences. Dans certains œufs à vitellus volumineux, une portion du jaune échappe au fractionnement; mais, dans tous, la conséquence du phénomène est la formation d'une couche organisée primitive, qui enveloppe le jaune et a reçu le nom de *blastoderme* (3).

(1) D'après M. Ch. Robin, il y aurait ici une exception à faire pour les diptères dont nous venons de parler. M. Lacaze du Thiers m'a communiqué des observations analogues portant sur d'autres groupes, mais qu'il désire confirmer par de nouvelles recherches avant de les publier.

(2) M. Coste a montré que chez les oiseaux, les reptiles écailleux et les poissons cartilagineux, le fractionnement se passe dans la *cicatricule*. Celle-ci représente à elle seule pour lui le véritable œuf. Le reste, ou jaune proprement dit, serait une espèce de corps accessoire dont la présence aurait masqué et obscurci longtemps les phénomènes de ces premières périodes de l'existence.

(3) Les phénomènes trouvés par M. C. Siebold chez les planaires (*Manuel d'anatomie comparée*), et par MM. Koren et Danielsen chez les mollusques pectinibranches constitueraient deux exceptions remarquables aux faits généraux (*Ann. des sciences naturelles*, 1852). Mais déjà M. Carpenter a montré qu'au moins

A peine ces premiers vestiges d'organisation ont-ils paru, que la similitude cesse et que des caractères distinctifs se prononcent. Le germe va devenir embryon, et dès l'origine il revêt les traits fondamentaux du groupe primaire dont fera partie le nouvel être. Vertébrés et invertébrés ont jusqu'ici marché de front dans la voie du développement. A ce moment, ils se séparent pour ne plus se rejoindre. Les deux grandes divisions du règne animal, les deux *sous-règnes* seront désormais absolument distincts.

Dans les vertébrés, sur un point du blastoderme, les éléments organiques, — cellules et granulations, — s'accumulent et se pressent de manière à former une petite tache d'abord circulaire. Cette tache est l'*aire germinative*. C'est le champ où les forces créatrices vont déployer leur principale énergie, ou mieux, elle est déjà l'embryon. L'aire grandit assez rapidement et devient ovale. Une ligne plus claire se dessine le long du grand axe. C'est la *ligne primitive*, indiquant déjà la place qu'occuperont la moelle épinière et le cerveau, ces deux centres nerveux qui commandent à l'organisme entier. Bientôt de petits points obscurs, disposés symétriquement

pour le *purpura lapillus* ses prédécesseurs s'étaient mépris. Les particularités du développement restent sans doute encore exceptionnelles à bien des égards chez ces mollusques; mais pour tous les phénomènes généraux du fractionnement, de l'expulsion des globules (*vésicules directrices*, Carus, Carpenter), ils rentrent dans la loi commune. (*On the development of the embryo of purpura lapillus. — Transactions of the microscopical Society of London.*)

le long de cette ligne, attestent que la colonne vertébrale commence aussi à se former.

Le type ainsi déterminé, les classes se caractérisent
à leur tour.

Chez les mammifères, l'enveloppe propre de l'œuf,
la membrane vitelline, s'est également transformée.
D'abord épaisse et nue, elle s'est entourée d'une
couche semblable à du blanc d'œuf, s'est de plus en
plus confondue avec elle et a considérablement
grandi. Elle est encore libre de toute adhérence ;
mais déjà tout autour d'elle poussent de minces la-
melles, premiers rudiments des racines que cet œuf
vivant enfoncera dans le sein de la mère pour y puiser les sucs destinés à nourrir et lui-même et l'embryon.

Chez la hermelle et le taret, le blastoderme est à
peine formé, que la membrane vitelline, jusque-là
restée inactive, entre aussi en action. Ses plis irréguliers s'effacent, son épaisseur semble augmenter,
et cette espèce de coque flexible vient s'appliquer
exactement sur le germe encore informe comme un
véritable épiderme. Quelques cils se montrent à la
surface. D'abord immobiles comme de simples filaments de cristal, ils s'agitent bientôt par saccades.
Leur nombre augmente rapidement ; leurs vibrations,
plus rapides et plus soutenues, ébranlent le corps qui
les porte. Ce petit être, qui n'est plus un œuf et n'est
pas encore un animal, semble se balancer sur la lame
de verre placée au foyer du microscope. Enfin la *transformation* s'achève. Tout à coup la jeune larve s'é-

chappe comme poussée par une force mécanique, et nage en tourbillonnant dans le liquide, semblable à un petit hérisson garni de piquants animés.

La hermelle et le taret sont des animaux à métamorphoses proprement dites. Laissons pour le moment leurs larves vagabondes, que nous retrouverons plus tard, et revenons à l'œuf des mammifères.

Nous avons vu comment, à l'intérieur de l'enveloppe vitelline, déjà fort élargie, le germe s'était entouré du blastoderme, et comment sur un point de celui-ci s'était formée l'aire germinative. Presque dès son apparition celle-ci est composée de deux lames qu'une dissection très-délicate parvient à séparer. Bientôt une troisième se développe entre les deux premières, et grandit avec elles. De ces trois lames naissent tous les organes et aussi diverses membranes qui complètent les enveloppes du germe. Une couche spéciale fournie par la lame externe devient l'*amnios*, qui, comme un voile de gaze, entoure l'embryon et sécrète un liquide abondant au milieu duquel le jeune mammifère reste plongé jusqu'à l'heure de sa naissance. Une autre, se détachant peu à peu du même point, a déjà doublé en dedans la membrane vitelline et contribué à former le *chorion*, qui est comme la coque de l'œuf. Des deux autres lames s'élève à l'extrémité postérieure de l'embryon une espèce de poche, l'*allantoïde*, qui grandit rapidement, s'allonge en forme de ballon à long col, et vient à son tour s'appliquer à l'intérieur du chorion. Cette allantoïde amène avec elle des

2

veines et des artères communiquant avec les vaisseaux de l'embryon. Aussi, partout où elle atteint,
on voit se manifester un surcroît d'activité vitale.
Les villosités du chorion grandissent, se multiplient.
Enfin l'œuf se greffe dans le sein qui le porte pour y
rester fixé jusqu'au moment de l'éclosion, et à partir
de ce moment il se nourrit aux dépens de la mère.

Pendant que s'accomplissent dans les enveloppes
les transformations que je viens d'indiquer, le germe
lui-même n'est pas resté inactif.

Nous avons vu qu'à l'époque dont il s'agit, ce
germe se compose du jaune modifié et enveloppé
par la membrane blastodermique, laquelle porte sur
un point très-circonscrit l'aire germinative et les
premiers rudiments de l'embryon. A mesure que ce
dernier se caractérise, à mesure que les parois de
ses grandes cavités tendent à se former, il s'éloigne
peu à peu de la sphère qui le porte, tout en lui restant attaché par une sorte de canal. Au bout d'un
certain temps, l'embryon et la vésicule blastodermique ne tiennent plus l'un à l'autre que par une sorte
de cordon creux et quelques vaisseaux, à peu près,
— qu'on me passe cette comparaison grossière, —
comme la boule et le manche d'un bilboquet. Alors
la vésicule blastodermique change de nom et s'appelle la *vésicule ombilicale.* Celle-ci tantôt, comme
chez l'homme et les ruminants, ne tarde pas à s'atro-
phier et à disparaître ; tantôt au contraire, chez les
carnassiers et les rongeurs par exemple, elle continue à croître et vient à son tour tapisser le chorion

sur tous les points que n'a pas envahis l'allantoïde.

Ainsi, chez la hermelle et le taret, l'œuf entier, enveloppe comprise, se transforme de toutes pièces en un véritable animal. Chez les mammifères, au contraire, un embryon, réduit à quelques éléments dont l'avenir seul révélera la nature, se montre d'abord sur un point à peine perceptible du germe, et tend de plus en plus à s'isoler. Le germe lui-même semble ne contribuer directement au développement du nouvel être que dans les premières phases de sa formation. Dès que l'œuf est fixé, peut-être même auparavant, c'est du dehors qu'arrivent les matériaux de nutrition, et ce sont les enveloppes qui jouent entre la mère et l'enfant le rôle si important d'intermédiaire.

Certes, les différences entre les vertébrés et les invertébrés sont loin d'être toujours aussi considérables. Chez les grenouilles, par exemple, non-seulement l'œuf s'isole de la mère comme chez les ovipares, et reste par conséquent chargé de nourrir l'embryon, mais encore le germe, envahi très-rapidement par la peau, s'organise pour ainsi dire couche par couche, et au premier abord sa transformation semble si bien se faire tout d'une pièce, que quelques naturalistes ont paru croire qu'il en était ainsi. D'autre part, deux naturalistes allemands, Weber et Grube, ont décrit chez les sangsues et les clepsines des phénomènes qui rappellent à certains égards ce que nous avons vu se passer chez les mammifères.

Toutefois il ne paraît pas que chez les annelés, les mollusques ou les zoophytes, il y ait de véritable aire germinative, et en tout cas on n'a rien observé chez eux qui ressemble à la ligne primitive. Celle-ci, premier indice d'un appareil dominateur qui n'existe jamais chez aucun invertébré, ne saurait figurer, même à titre d'état transitoire, dans la série de leurs transformations.

CHAPITRE IV

**Transformations des mammifères dans l'œuf. —
Théorie cellulaire.**

Après avoir vu ce que deviennent l'œuf des mammifères et ses enveloppes, revenons à l'embryon, et rappelons d'abord que chez l'adulte les organes, tout en concourant à un résultat unique, n'en sont pas moins chargés de rôles divers. Les uns servent aux manifestations de la vie animale, les autres sont les instruments de la vie végétative; tous puisent les éléments nécessaires à leur entretien dans un liquide nourricier unique, le sang, que des organes spéciaux, artères et veines, distribuent à tout le corps. De là trois classes d'organes bien distinctes. Eh bien ! dès l'origine, les trois lames ou feuillets de l'aire germinative répondent à ces trois sortes d'appareils.

Du feuillet externe ou supérieur naissent les organes de l'intelligence, de la sensibilité et du mouvement, tels que le cerveau, la moelle épinière, les nerfs, les os et les muscles, dont l'action est soumise à l'empire de la volonté. Le feuillet interne ou inférieur produit les appareils dont les fonctions importantes, mais obscures, s'accomplissent d'ordinaire

2.

sans que nous en ayons même conscience, — par exemple, le tube digestif et ses annexes. Enfin du feuillet intermédiaire émanent le système vasculaire, le cœur et les vaisseaux artériels ou veineux.

Ces divers systèmes d'organes ne se montrent ni en même temps ni d'emblée avec leurs formes et leurs proportions caractéristiques. Avant de se constituer définitivement, tous ont à subir des transformations. Sous peine d'entreprendre un traité d'embryogénie, nous ne saurions présenter ici, ne fût-ce qu'en abrégé, le détail de ces phénomènes, et plus que jamais il faut choisir. Bornons-nous donc à quelques faits les plus propres à justifier les conclusions applicables à l'ensemble du règne.

En résumant ce que les observateurs nous ont appris sur l'apparition successive des divers appareils, on voit que les premiers formés chez les mammifères sont ceux qui caractérisent au plus haut degré l'animal et même le sous-règne des vertébrés, — la colonne vertébrale, le crâne et les centres nerveux contenus dans leur intérieur. Ces derniers sont-ils de même des premiers en date chez tous les animaux? A ne consulter que les résultats directs de l'observation, on serait tenté de répondre négativement. Sans doute certains appareils de la vie animale, tels que les téguments et même des organes de locomotion, se montrent tout d'abord ; mais le système nerveux, généralement regardé comme nécessaire pour les animer, ne se laisse voir qu'à une époque beaucoup plus avancée. Peut-être existe-t-il déjà et échappe-t-il à nos instruments par suite de sa délicatesse et de sa trop grande transparence.

Chez les mammifères, le cœur, bientôt accompagné d'artères et de veines, apparaît de très-bonne heure, et peu de temps après le système nerveux. Le tube digestif ne se montre que plus tard. Cet ordre de succession semble ici commandé par la manière dont se nourrit l'embryon, qui prend tout au dehors et se nourrit par l'intermédiaire de vaisseaux. Lorsque cette condition n'existe pas, l'ordre des phénomènes peut être interverti, et c'est en effet ce qui se passe chez la plupart des invertébrés dont on connaît l'embryogénie. L'appareil digestif se forme avant les organes circulatoires. Parfois même ces derniers manquent totalement longtemps encore après que le jeune animal a quitté son œuf et mène une vie indépendante.

Peut-être serait-on tenté de rattacher ce fait au peu de développement que présente, même chez les adultes, l'appareil vasculaire de certains invertébrés ; mais on l'a constaté jusque dans des groupes en possession d'un système circulatoire parfaitement clos et complet. Il faut donc, dans le développement tardif de ce système, voir un phénomène d'un autre ordre, et qui paraîtra tout naturel à quiconque sait apprécier à leur valeur l'importance de la cavité générale du corps et le rôle du liquide qui remplit cette cavité (1). Pour les animaux qui ont cette

(1) J'ai donné ailleurs de nombreux détails sur le rôle joué par la cavité générale du corps chez les invertébrés (*Souvenirs*

cavité libre, et dont par conséquent les organes sont constamment plongés dans un bain nourricier, un cœur, des artères, des veines, c'est-à-dire des organes d'*irrigation nutritive*, ne sont nullement nécessaires. Leur existence n'est plus qu'une question de perfectionnement. Aussi les jeunes et parfois les adultes en sont-ils entièrement dépourvus.

Tous les systèmes organiques dont nous venons de signaler les apparitions successives sont uniquement en rapport avec la conservation de l'individu. Ceux qui assurent la propagation, et par suite la conservation de l'espèce, se montrent toujours les derniers. Ce fait, général pour les animaux à *transformations*, mérite d'être signalé, car nous verrons des phénomènes analogues se montrer dans les espèces à *métamorphoses* et à *généagenèse*, en acquérant une signification de plus en plus élevée.

Les appareils que nous venons de nommer sont tous plus ou moins complexes et formés par la réunion d'organes souvent fort nombreux, composés eux-mêmes de divers tissus. On est vite conduit à se de-

---

d'un naturaliste); on peut les résumer de la manière suivante : Chez les invertébrés il n'existe, en général, ni vaisseaux lymphatiques, ni vaisseaux chylifères. En outre, ils ne possèdent pas non plus de tissu cellulaire proprement dit. Il résulte de là que les organes sont séparés par des *lacunes* plus ou moins grandes remplies d'un liquide qui représente au moins la lymphe et le chyle. Quand, en outre, l'appareil circulatoire est *incomplet*, le sang lui-même s'épanche dans ces lacunes et se mêle aussi aux produits de la sécrétion interstitielle et de la digestion. On comprend que ce mélange justifie pleinement l'expression de *bain nourricier* employée dans le texte.

mander comment les trois lames de l'aire germinative suffisent à engendrer ces systèmes compliqués, et surtout sous quelle forme se montre d'abord la matière que le tourbillon vital amène sur ce champ de création. Ici, nous avons à signaler quelques faits d'une importance fondamentale, et à discuter une théorie remarquable à plus d'un titre.

Tous les naturalistes qui ont poussé leurs observations jusque-là s'accordent pour reconnaître que l'apparition d'un organe quelconque est précédée par celle d'une matière de consistance quelque peu variable, mais ordinairement comme gélatineuse, transparente, homogène, et ne montrant que peu ou point de traces d'organisation. M. Dujardin a justement donné à cette matière première le nom de *sarcode*, qui signifie *chemin de la chair* ou *des tissus* en général. C'est en effet au sein de cette gangue vivante que se forment les éléments anatomiques du corps, et par suite les organes résultant de leur réunion. Tous les physiologistes, que leurs recherches aient porté sur les mammifères ou sur les derniers invertébrés, s'accordent sur ce point, et alors même qu'ils ne le formulent pas expressément, ce fait ressort de leurs observations.

Mais le sarcode donne-t-il immédiatement naissance aux tissus, ou bien passe-t-il par des transformations intermédiaires? Ici se place une doctrine presque universellement adoptée pendant plus de vingt ans en Allemagne et acceptée ailleurs par quelques-uns des plus éminents naturalistes modernes.

Nous voulons parler de l'ensemble d'idées que M. Schwann, élève de l'illustre Müller, a emprunté en partie à la botanique et appliqué à la zoologie sous le nom devenu célèbre de *théorie cellulaire.*

Depuis longtemps, les botanistes s'accordent pour reconnaître dans les végétaux l'existence d'un élément anatomique fondamental, qui, par de simples modifications, semble donner naissance à presque tous les tissus, à presque tous les organes (1). Cet élément est la *cellule,* espèce de vessie microscopique formée par une membrane simple ou double, renfermant dans son intérieur un liquide légèrement visqueux et un corpuscule beaucoup plus petit, appelé *noyau* ou *nucleus,* portant lui-même un *nucléole.* Ce sont des cellules, — encore sphériques, parce qu'elles se sont développées à l'aise, ou comme taillées à facettes, parce que leur pression réciproque les a déformées, — qui constituent à elles seules le *tissu cellulaire,* dont la moelle des végétaux et le liége de certaines espèces fournissent des exemples connus de tous. Ce sont elles aussi qui, allongées en forme de fuseau et encroûtées de ligneux, sont devenues les fibres du bois et de l'écorce, ou bien qui, plus développées encore, vides et soudées bout à

___

(1) Il y a quelques années, la théorie que je résume ici était adoptée d'une manière absolue en botanique ; mais des faits qui se multiplient sont venus, depuis quelque temps, montrer qu'elles ne pouvaient être appliquées sans restrictions, même à la branche des sciences naturelles qui avait paru longtemps la confirmer en tout point.

bout, se sont transformées en vaisseaux destinés au transport des sucs nourriciers. Les trois tissus, cellulaire, fibreux et vasculaire, forment par leur réunion tous les organes d'un végétal, racines, tige, branches, feuilles ou fleurs. Par conséquent, le végétal en son entier a pour point de départ la cellule. Ce fait d'organogénie est confirmé par l'anatomie comparée. Parmi les derniers végétaux il en est qui sont réduits à une seule cellule isolée.

Ces quelques mots suffisent pour faire comprendre combien les botanistes ont dû attacher d'importance à découvrir le mode de développement et de multiplication des cellules. Or, sur le premier point, ils ne sont guère d'accord. Parmi eux, M. Schleiden, un des plus éminents botanistes d'Allemagne, a émis une théorie que ses compatriotes ont adoptée, et qui compte ailleurs aussi de nombreux partisans. D'après lui, le tissu cellulaire est d'abord liquide, et prend peu à peu la consistance d'une gelée, sans montrer encore de traces d'organisation (1). Alors apparaissent dans la masse de très-petits corpuscules opaques ou *nucléoles*, autour desquels la matière voisine semble se condenser pour former autant de *noyaux*. De ceux-ci s'élève une

(1) M. de Mirbel, notre illustre physiologiste botaniste, admettait l'existence d'une substance pareille et lui donnait le nom de *cambium* ; mais pour lui les corpuscules ou *nucléoles* de Schleiden sont autant de cavités qui grandissent peu à peu et refoulent la matière environnante, qui s'organise pour former les cloisons des cellules.

membrane qui peu à peu les enveloppe en entier, et forme ainsi la *cellule* proprement dite. Une fois développée, chaque cellule jouit du pouvoir d'en engendrer de nouvelles par divers procédés que reconnaissent généralement tous les botanistes. Tantôt la cellule primaire se multiplie, pour ainsi dire, par bourgeons latéraux et extérieurs ; tantôt elle se partage à l'intérieur, par étranglement ou par cloisonnement, en un certain nombre de chambres qui deviennent autant de cellules distinctes ; tantôt enfin elle produit dans son sein des cellules libres qui, en grandissant, finissent par faire éclater et disparaître les parois de la cellule-mère.

M. Schwann a recherché dans le règne animal les faits que nous venons d'indiquer. Il a cru les y avoir retrouvés, et a pensé pouvoir faire à la zoologie une application rigoureuse des théories botaniques. Adoptant en entier la manière de voir de Schleiden sur la formation des cellules primaires, il a donné à la substance amorphe que nous avons appelée *sarcode* le nom de *cystoblastème* (1). Toujours, selon lui, cette substance se transforme en donnant successivement naissance au nucléole, au noyau, et enfin à la cellule. Celle-ci est l'origine de tous les tissus, et par conséquent de tous les organes et de l'animal entier. L'œuf lui-même n'est autre chose qu'une cellule simple dans laquelle le nucléole est

____

(1) Κύστις, vessie, et βλάστημα, bourgeon, ou au figuré, production.

représenté par la tache de Wagner ; le nucléus par la vésicule de Purkinje ; et l'enveloppe cellulaire, avec son contenu, par la membrane vitelline et le jaune. Enfin le fractionnement, le *framboisement* du vitellus, que nous avons décrit plus haut, est dû à une multiplication progressive des cellules, s'accomplissant avec rapidité dans ce qu'on pourrait appeler la cellule-mère par excellence.

L'ouvrage de M. Schwann eut un grand retentissement et fit presque d'emblée de nombreux et illustres prosélytes. Ce succès était mérité et le paraîtra surtout à ceux qui, se reportant de vingt ans en arrière, tiendront compte de l'état de la science à cette époque (1). Cette doctrine était séduisante ; elle établissait, entre les deux règnes qui se partagent le monde organique, des rapports intimes et fondamentaux ; elle ramenait à un point de départ unique toutes les formes de la matière animée ; elle simplifiait des recherches fort pénibles ; enfin, dans un grand nombre de cas, elle était manifestement confirmée par les résultats de l'observation, et, si quelque exception se montra dès le début, on put croire qu'elle finirait par rentrer dans la règle générale. Peu à peu cependant ces exceptions sont devenues plus nombreuses, et les partisans les plus décidés de la doctrine cellulaire ont dû rejeter quel-

______

(1) *Mikroskopische Untersuchunyen über die Uebereinstimmung in der Structur und dem Wachstum der Thiere und Pflanzen* (Recherches sur la conformité de la structure et du développement des animaux et des plantes). Berlin, 1839.

ques-unes des idées de l'auteur. L'assimilation de l'œuf à une cellule unique, par exemple, ne doit plus guère aujourd'hui compter de partisans. Par suite, le framboisement du jaune ne saurait être dû à une multiplication de cellules, comme l'entendait Schwann, alors même que les faits observés chez les vers et certains mollusques ne démontreraient pas que les lobes les mieux formés peuvent se refondre les uns dans les autres et ne sont par conséquent pas entourés d'une membrane (1).

L'examen anatomique des invertébrés marins, qui déjà sur tant de points a corrigé des erreurs graves résultant de l'étude exclusive des animaux supérieurs, est généralement peu favorable à la doctrine cellulaire. Sans doute les faits et cette théorie s'accordent dans quelques cas. La plupart des mollusques, les némertes, les planaires, les synhydres, presque tous ces animaux, dont souvent j'ai parlé ailleurs (2), ont, il est vrai, des téguments plus ou

(1) J'ai observé pour la première fois ce fait important sur les œufs de hermelles (*Ann. des sc. nat.*, 1848). Il a été confirmé depuis.

(2) Voyez les *Souvenirs d'un naturaliste*, 1842. On trouvera peut-être que je cite trop souvent cet ouvrage, mais je n'en connais pas d'autres où les questions dont il s'agit ici soient traitées autrement que d'une manière purement technique. Je ne puis renvoyer les lecteurs, pour qui j'écris surtout en ce moment, uniquement aux *Annales des sciences naturelles*, ou aux publications de même nature qui paraissent en Allemagne, en Angleterre... On me pardonnera donc, j'espère, d'indiquer un ouvrage où, le cas échéant, le lecteur sérieux, mais étranger à la science proprement dite, pourrait trouver des développements que je ne saurais reproduire ici.

moins évidemment composés de cellules, et celles-ci sont sans nul doute l'élément premier de ces tissus extérieurs. Nous en dirions volontiers autant pour certaines membranes qui revêtent, soit l'intérieur, soit l'extérieur de certains organes internes ; mais, dès qu'il s'agit de ceux-ci, nous ne saurions conserver la même opinion. Jamais nous n'avons vu la fibre musculaire ou nerveuse commencer par une cellule ; jamais ni dans l'une ni dans l'autre nous n'avons trouvé la moindre trace d'une formation cellulaire (1). Pour les organes musculaires surtout, il ne saurait nous rester de doutes. Nous avons vu des appareils entiers encore uniquement composés de sarcode et pourtant déjà reconnaissables. Dans certains mollusques par exemple, le tube digestif est déjà séparé du blastème général, — l'œsophage, l'estomac, l'intestin, sont bien caractérisés de forme et de position, — qu'il n'existe pas encore de cavité intérieure et à plus forte raison de couches musculaires ou muqueuses. La formation du pied des annélides nous a montré des faits tout pareils. Bien plus, nous avons vu des masses d'apparence exclusivement sarcodique se contracter et produire des

(1) Je dois dire ici que, dans un travail très-intéressant sur l'anatomie des méduses, un naturaliste qui avait su se faire en Europe une place au premier rang et qui n'en a pas moins abandonné l'ancien monde pour les États-Unis, M. Agassiz, a décrit un de ces rayonnés dont les systèmes nerveux et musculaire seraient entièrement composés de cellules ; mais ce fait, très-extraordinaire à divers titres, serait par son exagération même tout à fait en dehors des doctrines de M. Schwann.

mouvements sans qu'aucun réactif pût y démontrer les fibres qui devaient exister plus tard.

Ainsi, dans certains cas, non-seulement la forme, mais encore les propriétés les plus caractéristiques préexistent aux tissus, et ceux-ci prennent naissance immédiatement dans le sarcode, soit par le fait d'un départ, soit par une simple condensation, soit par l'accumulation de matériaux choisis au milieu de ceux que l'organisme s'assimile.

Les faits en désaccord avec les idées de M. Schwann sont déjà nombreux et le deviendront, croyons-nous, chaque jour davantage, à mesure qu'on y regardera de plus près. Plusieurs travaux, publiés même en Allemagne, font pressentir une réaction. Peut-être alors l'injustice succédera-t-elle à l'engouement. Nous le regretterions pour notre part. Jamais nous n'avons pu reconnaître à la théorie cellulaire ce caractère de vérité absolue et d'application universelle que lui ont attribué son inventeur et quelques illustres adeptes ; mais nous n'avons pas pour cela méconnu les grands services qu'elle a rendus. Comme toutes les doctrines générales qui relient ensemble un grand nombre de faits isolés, elle a à la fois éclairé et agrandi le champ des recherches et permis d'embrasser de nouveaux horizons. Plus heureuse d'ailleurs que bien de ses devancières, elle reste vraie en partie, et dès aujourd'hui on pourrait presque lui faire sa part.

A quelques exceptions près et sauf quelques points douteux dans le détail desquels nous ne saurions entrer ici, on peut dire que la théorie de M. Schwann s'applique avec raison à la plupart des tissus les moins complétement organisés du corps animal, à ceux qui limitent les organes, pourvu que les couches en soient suffisamment distinctes. Là est, pour ainsi dire, la liaison histologique entre les deux règnes. Au contraire les tissus à vie plus active, ceux qui caractérisent le mieux l'animal, nous semblent échapper à la loi du développement cellulaire et se former soit aux dépens, soit au milieu du sarcode. Encore ne parlons-nous ici que des animaux les plus élevés, car, vers les limites inférieures des trois embranchements invertébrés, on trouve un grand nombre d'espèces à tissus fort peu distincts, à organisme *à demi sarcodique*, et chez lesquelles la théorie cellulaire serait bien plus souvent en défaut.

Quoi qu'il en soit, tous les organes prennent naissance dans un *blastème* primitivement composé de sarcode, et se caractérisent peu à peu ; mais alors même qu'ils sont déjà reconnaissables, ils ne diffèrent pas seulement par la taille de ce qu'ils seront plus tard. L'embryon n'est rien moins que la miniature de l'être définitif. Pendant longtemps le corps, dans son ensemble et ses détails, présente, à qui suit le développement d'un animal quelconque, et d'un mammifère en particulier, le spectacle le plus étrange. Tous les jours, d'heure en heure parfois, l'aspect de la scène change, et cette instabilité porte sur les parties les plus essentielles comme sur les plus accessoires. On dirait que la nature tâtonne et ne conduit son œuvre à bonne fin qu'après s'être souvent trompée. Ici des cavités se cloisonnent, se divisent en chambres distinctes, ou bien s'étirent en canaux, et ceux-ci à leur tour se remplissent et deviennent des ligaments ; là des masses d'abord pleines se creusent et se changent en cavités, des lames s'enroulent en tubes, des pièces primitivement isolées se soudent en organes continus, ou bien tout au contraire une masse d'abord unique se fractionne et engendre plusieurs organes. En même temps les rapports, les proportions changent à chaque instant. Des parties presque confondues au début s'écartent et deviennent entièrement étrangères l'une à l'autre ; d'autres, d'abord éloignées, se rapprochent et contractent des relations intimes. Des organes à fonctions temporaires naissent, grandissent rapidement, acquièrent un volume énorme, puis s'atrophient et disparaissent ; d'autres s'arrêtent à un moment donné, tandis que tout grandit autour d'eux, restent en place, et se retrouvent jusque chez l'adulte, où ils n'ont d'autre rôle apparent que de témoigner d'un état de choses qui n'existe plus. En un mot, — des transformations incessantes, le mouvement partout, le repos nulle part, — voilà, dans son expression la plus générale, l'histoire du développement embryonnaire (1).

(1) On comprend qu'il m'eût été impossible, en parlant de ces transformations embryogéniques des mammifères, de sortir des

Nulle part cette instabilité n'est aussi prononcée et surtout aussi durable que dans l'appareil vasculaire. Chargé de nourrir tout le corps, il en partage toutes les vicissitudes. Ses branches, ses rameaux s'accroissent et se multiplient avec les organes où ils portent les sucs nourriciers, s'amoindrissent et disparaissent avec eux. Cet appareil a d'ailleurs ses transformations propres, qui atteignent les parties centrales, les troncs primordiaux et le cœur lui-même. Celui-ci apparaît d'abord comme un cylindre transparent, plein, droit ou à peine ondulé, qui se change en tube par la résorption de la matière centrale. Puis ce canal se courbe en S, se tord sur lui-même, s'étrangle sur un point, s'élargit sur un autre, acquiert des parois épaisses et musculaires, et devient peu à peu ce gros organe à quatre poches distinctes qui occupe presque toute la région moyenne de la poitrine.

généralités, nécessairement fort vagues, qui précèdent. Je ne pouvais guère davantage citer les auteurs à qui l'on doit les découvertes de tant de faits curieux. Leur nombre est aujourd'hui considérable, et les écrits, les ouvrages généraux sur cette matière se multiplient chaque jour. Je renverrai entre autres les lecteurs à ceux de MM. Baër, Barry, Bischoff, Burdach, Coste, Dumas, Duvernoy, Flourens, Hausmann, Henle, Huschke, Kœlliker, Lebert, Martin Saint-Ange, Meckel, Müller, Oken, Owen, Purkinje, Rathke, Reichert, Remak, Schultze, Serres, Schwann, Thomson, Valentin, Wagner, Weber, etc. M. Bischoff a résumé les recherches de ses émules et les siennes propres dans un ouvrage remarquable, et qui est devenu classique dès son apparition. Ce livre a été traduit en français sous le titre de *Traité du développement de l'homme et des mammifères.* Paris, 1843.

Dans l'embryon comme dans l'adulte, le cœur sert d'intermédiaire entre l'organe où le sang épuisé va retrouver sa vertu vivifiante et les organes que ce liquide doit nourrir. Chez l'adulte, qui vit de sa vie propre et respire l'air en nature, l'organe réparateur est le poumon ; chez l'embryon, qui est plongé dans un liquide et qui emprunte tout à la mère, la fonction de respiration ou son équivalent revient aux enveloppes de l'œuf. De ce fait seul résultent pour l'un et pour l'autre des dispositions très-différentes dans les centres circulatoires.

Chez l'adulte, chaque moitié du cœur, composée de deux cavités, est entièrement séparée de l'autre, et n'est en contact qu'avec une sorte de sang. L'*oreillette droite* reçoit le *sang veineux*, qui arrive de toutes les parties du corps et a besoin de respirer, le pousse dans le *ventricule droit*, et celui-ci le lance dans le poumon par un large vaisseau. L'*oreillette gauche* reçoit ce *sang artériel*, qui a respiré, et le pousse dans le *ventricule gauche*. De celui-ci sort un gros tronc primitif appelé *aorte*, dont les ramifications portent à tous les organes ce sang révivifié.

Chez l'embryon, les poumons sont encore inertes, et leurs vaisseaux rudimentaires. En revanche, un système complet d'artères et de veines met en communication le jeune animal avec ses enveloppes. Le sang revient de ces dernières chargé de principes nourriciers et arrive dans la moitié droite du cœur. Là, le *trou de botal*, large ouverture ménagée entre les deux oreillettes, le *canal artériel*, gros tronc de communication qui aboutit à l'aorte, lui permettent de gagner celle-ci sans passer par les poumons.

Ces dispositions anatomiques, nécessitées par un mode d'existence essentiellement temporaire, disparaissent avec lui. A peine le jeune mammifère est-il sorti du sein qui l'a porté, que l'air entre dans sa poitrine, dilate ses poumons et y appelle le sang. Alors la cloison qui sépare les oreillettes se complète peu à peu et ferme le trou de botal; le canal artériel s'oblitère et le plus souvent disparaît. Désormais, pour aller d'une moitié à l'autre du cœur, le sang est obligé de passer par les poumons, dont les vaisseaux ont pris leur volume définitif. Au même moment les artères, les veines, qui pendant si longtemps avaient joué le rôle de racines et nourri le fœtus, brusquement rompues à l'époque de la naissance, ont disparu ou se sont atrophiées. Le jeune animal a commencé à prendre des aliments, qu'un appareil resté jusque-là inactif prépare et transmet aux organes. A une sorte de respiration branchiale accomplie au loin, à la circulation qu'elle nécessitait, ont succédé la respiration, la circulation pulmonaires; l'alimentation, la digestion ont remplacé la nutrition par intermédiaire. Ainsi s'accomplit en quelques jours la dernière des grandes transformations organiques qu'ait à subir un mammifère, et celle-ci, faisant d'un être parasite un animal indépendant, mériterait à tous égards le titre de *métamorphose*.

Les phénomènes dont nous avons cherché à donner une idée s'enchevêtrent ou se succèdent, quelles que soient leur complication et leur rapidité, dans un ordre invariable pour chaque espèce de mammifères, toutes les fois que le développement s'accomplit régulièrement ; mais des causes perturbatrices, les unes soupçonnées, les autres entièrement inconnues, interviennent parfois. Les organes peuvent être troublés dans leurs transformations, sans que le tourbillon vital s'arrête, sans que le nouvel être cesse de croître. Ces organes s'éloignent alors plus ou moins du type normal. Ainsi se forment les monstruosités. On voit que l'origine de ces anomalies remonte nécessairement à une époque assez reculée de la vie embryonnaire, et que, toutes choses égales, la monstruosité sera d'autant plus grave que l'embryon était moins avancé au moment de la perturbation. M. I. Geoffroy a donc eu raison de poser en principe que toute monstruosité chez les mammifères était congéniale, c'est-à-dire antérieure à la naissance. En d'autres termes, toute monstruosité résulte d'un phénomène accidentel, mais essentiellement embryogénique.

Après cette observation, dont l'étude des animaux à métamorphose fera comprendre toute l'importance, revenons à nos mammifères.

CHAPITRE V

Transformations des mammifères hors de l'œuf.

Nous avons vu le développement des mammifères présenter d'abord une activité comme tumultueuse; puis successivement tous les organes ont paru, les formes se sont arrêtées, les proportions se sont fixées, les rapports se sont consolidés. L'embryon est devenu fœtus; il a pris des forces suffisantes pour affronter le monde extérieur. Maintenant il est né : ses poumons, son appareil digestif sont en fonction; sa circulation est définitivement réglée. Le mouvement va-t-il enfin faire place au repos dans cet organisme tant de fois repétri jusque dans ses derniers détails ? Nous avons vu, dès la première page de cette étude, comment la balance répond à une semblable question. Et d'ailleurs est-il ici besoin d'interroger les instruments de précision, d'étendre même nos observations aux animaux? L'enfant ressemble-t-il au jeune homme, et l'adulte au vieillard? Qui ne sait que chaque âge altère plus ou moins en nous formes et proportions ? et comment se rendre compte de ces changements sans admettre que nos organes sont le siége de modifications et de mouvements continuels?

De toutes les époques qui se partagent l'existence

extérieure d'un animal, la plus remarquable, au point de vue qui nous occupe, est, sans contredit, celle où l'individu devient apte à se reproduire. Ce moment, dans un très-grand nombre d'espèces, s'annonce par des phénomènes faciles à saisir. Mammifères, oiseaux, reptiles et poissons quittent dès lors la *livrée* du jeune âge et revêtent les couleurs de l'adulte. Ce ne sont pas seulement des caractères superficiels qui changent, ce ne sont pas même seulement quelques organes spéciaux qui se complètent, quelques fonctions jusque-là endormies qui s'éveillent et viennent mêler leur influence, parfois dominante, à toutes celles qui jusque-là régnaient sur l'organisme. Celui-ci se modifie souvent jusque dans ses actes les plus intimes et les plus immédiatement liés à son existence générale. Ici encore l'espèce humaine nous fournit un exemple frappant.

On sait que la respiration est une sorte de combustion, et qu'à chaque expiration nous rendons une certaine quantité d'acide carbonique. On peut mesurer l'activité de la fonction par la quantité de ce gaz que produit la combinaison de l'oxygène de l'air avec le carbone pris à nos organes. Or les recherches de MM. Andral et Gavarret nous ont appris que dans le jeune âge la respiration est à peu près d'énergie égale dans les deux sexes (1). A huit ans, fillettes et garçons brûlent par heure de cinq à six grammes de

(1) *Recherches sur la quantité d'acide carbonique exhalé par le poumon dans l'espèce humaine* (*Annales des Sciences naturelles*, 1843).

carbone. Cette quantité s'accroît très-lentement et d'une façon à peu près proportionnelle pour les uns et les autres jusqu'à l'époque de la puberté. Ils ne sont jusque-là ni mâles ni femelles, ils sont *neutres*. Mais aussitôt que les sexes se caractérisent, la respiration chez le jeune homme manifeste un redoublement d'activité qui augmente rapidement, tandis que chez la jeune fille et la jeune femme cette fonction reste stationnaire. Vers l'âge de trente ans le premier brûle de onze à douze grammes de charbon par heure, tandis que la seconde n'en brûle que six ou sept grammes. Puis, lorsque les progrès de l'âge et les transformations qui en sont la suite tendent à rapprocher les deux sexes en effaçant ce qu'il y a de plus saillant dans leurs caractères distinctifs, l'activité respiratrice chez la femme reprend une marche ascendante et se rapproche de ce qui existe chez l'homme, sans pourtant atteindre jamais une limite aussi élevée. Ces curieux résultats physiologiques pourraient, on le voit, fournir un argument de plus aux anatomistes peu courtois qui ont voulu ne voir dans la femme qu'un homme frappé d'arrêt de développement et abaissé d'un degré dans l'échelle des êtres.

Nous sommes bien loin d'admettre l'opinion qui précède, mais le fait dont on l'a tirée n'en est pas moins des plus remarquables. Nous voyons ici une fonction importante enrayée et rendue stationnaire par la marche normale du développement, au moment même où l'organisme se complète. Cette marche n'est donc pas constamment et absolument progressive. Bien des faits que fournit l'examen des mammifères, et surtout l'étude de leurs facultés, confirment cette conséquence. Presque toutes les espèces sauvages peuvent être apprivoisées dans leur jeune âge : la mémoire et l'intelligence prédominent alors chez elles et permettent cette espèce d'éducation. Mais, quand arrive l'âge adulte, l'instinct reprend le dessus, et l'animal quasi domestique devient une bête féroce (1). Parfois l'extérieur même traduit ce changement. Chez l'orang jeune, l'ensemble de la tête se rapproche assez de celle de l'homme : le crâne est lisse et arrondi, le front élevé, la face à peine plus proéminente que dans certaines races humaines. Chez l'orang adulte, le crâne s'est hérissé de crêtes osseuses, le front s'est déprimé, la face s'est allongée en un véritable museau, et l'ensemble présente au plus haut degré le cachet de la bestialité. Ce que nous savons de l'orang est vrai sans doute de tous ces singes que leur ressemblance éloignée et temporaire avec l'homme a fait appeler du nom d'*anthropomorphes*. A partir d'un certain moment,

(1) On sait aujourd'hui, grâce surtout aux recherches de Frédéric Cuvier, que presque tous les animaux possèdent à la fois de l'intelligence et de l'instinct, c'est-à-dire que leurs actes sont en partie raisonnés et en partie irréfléchis. La plupart des travaux relatifs à cette question ont été parfaitement résumés par M. Flourens dans un livre intitulé *De l'Instinct et de l'Intelligence des animaux*. Voir aussi l'ouvrage de M. Fée, intitulé *Études philosophiques sur l'Instinct et l'Intelligence des animaux*.

les transformations qu'ils subissent, loin de les élever, les abaissent, et à ce point de vue ils peuvent être considérés comme présentant un exemple
de ce mode d'évolution que M. Edwards a justement désigné par l'expression de *développement
récurrent*.

CHAPITRE VI

Procédés généraux de la transformation. — Conclusion.

Après avoir esquissé à grands traits et par masses le tableau du développement embryonnaire des animaux en général et des mammifères en particulier, cherchons à ramener l'accomplissement de ces phénomènes à leurs modes les plus généraux. Nous trouverons tout d'abord que la nature, bien moins simple dans ses façons d'agir que ne l'admettent certains philosophes, ne s'est pas astreinte à n'employer qu'un seul procédé pour parfaire les organismes. Bien au contraire, elle en a mis en œuvre plusieurs, et de très-différents.

Nous devons surtout en signaler deux, l'épigénèse et l'évolution, dont les noms ont servi de bannière à des écoles rivales et servi de texte depuis des siècles à de nombreuses et bruyantes polémiques.

Dans la doctrine de l'*épigénèse*, aucun tissu, aucun organe ne préexiste à son apparition; tous se forment successivement, sur place et pour ainsi dire de toutes pièces. La nature propre de chaque animal règle et détermine leur composition et leur forme. La théorie de l'*évolution*, au contraire, admet que le germe présente d'avance toutes les parties de l'être futur. C'est en réalité une miniature, capable, il est vrai, de grandir, mais impuissante à acquérir un poil, une plume, une écaille s'il s'agit des animaux, une feuille s'il s'agit de végétaux.

L'épigénèse paraît être le point de départ obligé de toutes les parties du corps. C'est là un fait que nous avons déjà indiqué ailleurs (1), et que le peu de détails donnés aujourd'hui suffit pour mettre hors de doute. La science, armée des instruments que lui fournit l'industrie moderne, peut affirmer avec certitude que le blastoderme n'existe pas dans l'œuf avant de s'être constitué avec les éléments du germe. La première trace de l'être futur est donc une formation épigénétique, et ce que nous venons de dire du blastoderme s'applique à tous les organes. Dans la doctrine de Schwann, la multiplication des cellules, considérées comme éléments de tous les tissus, est une véritable épigénèse, et ce mode de formation est peut-être plus évident encore dans les cas nombreux qui échappent à la théorie cellulaire. L'organe apparaît dans le blastème et s'organise probablement aux dépens du sarcode qui le compose, comme la première membrane s'est organisée aux dépens du jaune modifié.

Le centre premier de toutes ces formations épigénétiques est l'aire germinative, dont chaque feuillet,

(1) Les questions générales relatives aux doctrines de l'épigénèse, de l'évolution et de l'accolement sont traitées avec quelque détail dans les *Souvenirs*.

avons-nous dit précédemment, engendre un groupe particulier d'appareils. Chacun de ceux-ci apparaît d'abord comme fort simple et composé seulement de ses parties fondamentales. Celles-ci, à leur tour, se complètent en donnant naissance aux organes annexes et à ceux qu'on peut regarder comme accessoires. Le tube intestinal, par exemple, est déjà organisé, qu'il n'existe encore aucune des glandes dont les produits seront plus tard nécessaires aux actes digestifs. Mais bientôt, sur un point déterminé, se creuse un petit cul-de-sac et se développe un blastème qui ne tarde pas à montrer une cavité allongée, à parois peu distinctes, simple d'abord, puis quelque peu ramifiée. On reconnaît un canal excréteur et les premiers rudiments d'un organe de sécrétion. A leur tour, ces premiers lobules se multiplient par un mécanisme analogue jusqu'au moment où l'ensemble présente le volume et la structure de cette énorme glande qu'on appelle le foie et qui secrète la bile. Les autres glandes, les poumons, se forment de la même manière. Or bien évidemment aucun de ces organes ne préexistait à son apparition.

Ainsi la puissance formatrice se manifeste d'abord sur un centre unique, l'aire germinative ; puis sur trois centres secondaires, les trois feuillets ; puis enfin sur des centres de plus en plus multipliés, à mesure qu'il ne s'agit que de compléter des appareils d'abord fort simples. Mais partout l'épigénèse se montre comme jetant les fondements et de l'embryon lui-même et de chacune de ses parties.

Une fois ébauché et toujours fort petit, chaque organe a d'abord à croître. Alors à des phénomènes purement épigénétiques succèdent ou s'ajoutent des phénomènes d'évolution, et ceux-ci se présentent sous deux formes principales.

Un organe peut grandir sans que sa configuration, ou même sa texture, paraisse changer en quoi que ce soit. Les enveloppes de l'œuf, et surtout l'amnios chez l'embryon, presque tous les appareils chez l'enfant, nous fourniraient ici de nombreux exemples. Mais dans bien des cas, avant d'en arriver à ce mode d'évolution, le plus simple de tous, les organes doivent changer de proportions et de formes tout aussi bien que de dimensions. Ici, pour fixer les idées, nous nous bornerons à citer deux faits empruntés à l'embryogénie humaine. Chez l'homme, au moment de leur apparition, les bras, semblables à de petites palettes arrondies, sont placés vers le milieu du corps, et la queue, tout aussi longue que chez les autres mammifères, dépasse pendant quelque temps les jambes, alors parfaitement semblables aux bras. A cette époque, l'embryon humain ne ressemble pas mal à certains phoques. Pour arriver à être seulement des jambes et des bras de fœtus, ces organes devront donc tout à la fois se modifier et grandir.

Mais dans la constitution du nouvel être, il n'y a pas seulement à créer, à façonner successivement des organes qui n'auront plus qu'à acquérir leurs dimensions définitives. Chez les animaux supérieurs, chaque fois que les progrès du développement amènent un besoin nouveau, la nature crée un instrument pour y satisfaire ; et comme, parmi ces besoins, il en est de temporaires, les organes qui leur répondent sont souvent transitoires. Elle doit donc souvent démolir en même temps qu'elle construit.

L'étude détaillée du système vasculaire nous fournirait ici de nombreux et curieux exemples ; toutefois le plus remarquable, sans contredit, se rencontre dans l'appareil sécréteur. Au nombre des parties qui entrent dans sa composition se trouvent les *corps de Wolff*, ainsi nommés en l'honneur de l'anatomiste qui le premier les a étudiés avec soin. Ces corps, dont la structure rappelle celle des reins et qui semblent chargés de fonctions analogues à celles de ces derniers, se montrent de très-bonne heure et s'étendent bientôt presque d'un bout à l'autre du corps, des deux côtés du tube intestinal. Dès que les reins proprement dits sont formés, ils décroissent et disparaissent, si bien que l'on en trouve à peine quelques traces problématiques dans un petit nombre de mammifères adultes.

Tous les organes chargés ainsi d'un rôle en rapport avec la vie embryonnaire n'ont pas le même sort. Les uns, comme le *thymus* placé dans la poitrine ou les *capsules surrénales* qu'on trouve dans l'abdomen, sont seulement frappés d'arrêt de développement et se retrouvent chez l'adulte, bien que leur existence semble être dorénavant sans but ; d'autres sont utilisés et appropriés à quelque usage nouveau.

C'est ainsi que les vaisseaux chargés seulement de nourrir le poumon du fœtus se changent à la naissance en troncs assez volumineux pour livrer passage à tout le sang que chaque contraction du cœur envoie aux organes respiratoires.

En résumé, épigénèse au début; puis évolution simple ou complexe, formation, modification, développement progressif, arrêt, atrophie, destruction ou appropriation des organes : tels sont les principaux phénomènes que nous présente l'organisme d'un mammifère, depuis l'apparition du germe jusqu'au moment de la mort. Or tous ces phénomènes sans exception supposent dans la matière composante du corps des mouvements moléculaires continuels.

Rapprochons de cette conclusion inévitable ce fait presque général chez les vertébrés, que, jusque dans l'embryon et au moment de la croissance la plus rapide, il existe, comme chez l'adulte, des organes considérables chargés de conduire au dehors la matière désorganisée, et le mot de *tourbillon vital* se présentera de lui-même à notre esprit. Lui seul, en effet, rend possibles les faits rappelés plus haut. Évidemment c'est lui qui apporte les matériaux du nouvel être, qui les distribue et les dispose, tantôt les accumulant sur un point, tantôt les arrachant sur un autre, et produisant ces mille transformations dont nous avons tenté de donner une idée.

CHAPITRE VII

Métamorphose proprement dite. — Métamorphoses des papillons.

Dans la première partie de ce travail, nous avons vu comment le germe d'un vivipare, avant de quitter ses enveloppes et le sein de sa mère, c'est-à-dire avant de naître, se transforme en un animal capable de résister aux influences du monde extérieur. Toutes les espèces ovipares nous présenteraient des faits analogues et essentiellement les mêmes au fond. A en juger par les observations déjà recueillies, toujours un blastoderme, formé à la surface du jaune ou vitellus, se montre comme le point de départ de l'organisme, et celui-ci, revêtant des formes et des proportions transitoires, se compliquant de plus en plus, arrive au terme du développement ovarique à travers les variations successives, tantôt de l'ensemble, tantôt de quelques parties.

Mais au moment de l'éclosion les nouveau-nés se partagent en deux groupes distincts. Les uns ressemblent à leurs père et mère; les autres n'ont souvent aucun rapport avec leurs parents. Pour reproduire complétement le type originel, les premiers n'ont qu'à grandir en se prêtant à des modifications équivalentes à celles que nous avons trouvées chez les mammifères et chez l'homme lui-même; les seconds doivent se modifier parfois presque du tout au tout. Après avoir eu dans l'œuf leur part de *transformations*, ceux-ci doivent, hors de l'œuf, subir des *métamorphoses*.

Afin de fixer les idées et de nous donner un terme de comparaison, voyons d'abord en quoi consiste ce phénomène chez les insectes où il a été le plus anciennement connu, le plus complétement étudié. Prenons pour exemple les lépidoptères, vulgairement appelés les papillons, et choisissons parmi eux une des espèces les plus communes, le papillon, ou mieux la piéride du chou (*pieris brassicæ*), dont nous pourrons faire l'histoire à peu près complète en réunissant les faits recueillis par divers observateurs.

Tous nos lecteurs ont rencontré dans les jardins, dans la campagne, ces papillons à corps noir, aux antennes annelées de blanc, aux ailes blanches en dessus, jaunâtres en dessous, marquées de taches noires dont le nombre et la position distinguent les sexes. Souvent ils ont vu, vers les mois d'août et de septembre, ces insectes voltiger deux à deux, tantôt se poursuivant tour à tour, tantôt comme tourbillonnant l'un autour de l'autre et paraissant se combattre. Peut-être alors ont-ils cru à une véritable lutte. Il n'en est rien pourtant ; ce sont au contraire les préludes d'amours que Réaumur a suivis, décrits et figurés dans toutes leurs phases avec ce talent d'ob-

servation qui allait chez lui jusqu'au génie (1). Le
mâle est pressant ; la femelle résiste et fait la co-
quette. Elle finit par se poser ; mais ses ailes rele-
vées, étroitement appliquées l'une à l'autre, recouvrent le corps tout entier. Le mâle voltige quelque
temps autour d'elle, puis, comme s'il avait pris son
parti, il part et s'éloigne parfois jusqu'à perte de vue ;
mais ce n'est évidemment qu'une feinte. Dès que la
femelle entr'ouvre ses ailes et découvre son cor-
sage, on le voit revenir à tire d'ailes, souvent en vain,
car à son approche les ailes se rejoignent, et les aga-
ceries, les poursuites, les refus, les départs simulés
recommencent de plus belle.

Ces jeux durent parfois plus d'une demi-heure, ce
qui est beaucoup dans une vie de papillon. Quand
ils ont pris fin, la femelle va déposer sur quelque
feuille de chou les œufs au nombre de plusieurs
centaines qu'elle porte dans son sein. Ces œufs ressemblent à de petites pyramides trois ou quatre fois
aussi hautes que larges, creusées de cannelures profondes, que séparent des côtes arrondies et finement
guillochées. La piéride les dispose artistement à côté
les uns des autres, et, solidement collés par la base,
ils restent ainsi livrés à mille hasards. L'immense
majorité périt sans doute, mais toujours quelque

____

(1) *Mémoires pour servir à l'histoire des insectes*, t. I, 1734.
Cet ouvrage, en six gros volumes in-4°, accompagné d'un nombre immense de planches, est un véritable monument resté
jusqu'à ce jour sans égal dans son genre.

couvée arrive à bien et assure la conservation de l'espèce.

De ces œufs, chacun le sait, sort une espèce de ver, une *chenille*, qui pour devenir *papillon* devra passer par l'état intermédiaire de *chrysalide*. Suivons-la dans cette série de modifications en commençant par les changements extérieurs.

L'œuf pondu par notre piéride est bien plus petit qu'un grain de millet, et au moment de l'éclosion la chenille est d'une taille proportionnée. Parvenue au terme de sa croissance, elle a acquis à peu près quatre centimètres de long sur cinq millimètres de large et quatre d'épaisseur. On voit combien est énorme la différence de volume entre ces deux termes et avec quelle rapidité s'effectue ici l'accroissement. De plus il semble ne pas être continu et graduel comme chez la plupart des autres animaux. On dirait qu'il se fait brusquement et par ressauts à chacune de ces crises que l'on désigne sous le nom de *mues*. En effet, après sa sortie de l'œuf, la jeune chenille mange avec une voracité qui n'est connue que trop des jardiniers, et pourtant son volume ne change pas.

Au bout de quelques jours, ce gros appétit s'arrête ; la chenille devient languissante, ses couleurs pâlissent, sa peau semble se dessécher. L'animal cherche alors un abri. Si on le suit dans cette retraite, on le voit se cramponner fortement au sol, gonfler et contracter alternativement son corps en se contournant en tout sens, s'arrêter par moments comme épuisé, puis recommencer de plus belle. Parfois des heures entières se passent avant qu'on puisse reconnaître le but de ces fatigantes manœuvres. Enfin la peau éclate vers le second ou le troisième anneau, et la fente se prolonge sur la ligne médiane jusqu'aux deux extrémités. A ce moment, la chenille dégage sa tête d'abord, puis le reste du corps, et apparaît couverte d'une peau nouvelle, flexible et plus vivement colorée que jamais. En même temps sa taille a considérablement augmenté, et il ne serait plus possible de la faire rentrer dans ce fourreau qui l'enveloppait quelques minutes auparavant. Ses organes progressivement accrus, mais tassés et comprimés par l'ancienne peau, se sont subitement mis au large et ont pris leur véritable volume comme par un effet d'élasticité.

Le phénomène de la mue se reproduit plusieurs fois jusqu'au moment où la chenille a atteint sa taille et ses caractères définitifs. A cette époque, on ne distingue dans notre insecte que deux régions, une tête et un corps. — La tête est petite, d'un bleu piqueté de noir, les téguments en sont comme cornés, et portent six petits yeux simples, isolés les uns des autres. Comme chez toutes les chenilles, la bouche est construite de manière à pouvoir couper et mâcher les feuilles parfois coriaces du chou et des autres crucifères. Elle est armée latéralement d'une paire de *mandibules* cornées très-solides et d'une paire de *mâchoires* plus faibles que recouvrent en partie une *lèvre supérieure* et une large *lèvre inférieure*. Sur le milieu de celle-ci, on aperçoit un petit organe allongé, tubulaire, percé d'un orifice microscopique. Cet organe est la *filière* qui sert à l'animal à faire les fils dont elle aura bientôt besoin.

Le corps de la chenille est composé de douze anneaux à peu près pareils, dont l'ensemble est presque cylindrique. Il est d'un gris jaunâtre ou verdâtre, rayé d'un bout à l'autre par trois bandes jaunes, et semé de points noirs. Ces points sont autant de petits tubercules dont chacun porte un poil blanc visible seulement à la loupe. Huit paires de pattes aident aux mouvements de l'animal. Comme chez toutes les chenilles, ces pattes sont de deux sortes. Les trois premières de chaque côté, sont coniques, articulées et terminées par un ongle unique : ce sont les *pattes écailleuses* ou *vraies pattes*. Toutes les autres sont appelées *pattes membraneuses* ou *fausses pattes*. Celles-ci ressemblent à de gros tubercules tronqués à leur extrémité, qui est garnie d'une couronne de petits crochets. Ce qu'elles ont de plus remarquable, c'est que la chenille les meut en tout sens, les fait saillir au dehors ou les retire à l'intérieur du corps, de manière à ce qu'on puisse à peine distinguer la place qu'elles occupent. Enfin, pour terminer cette esquisse de notre chenille, ajoutons qu'elle porte de chaque côté et sur autant d'anneaux dix petites ouvertures entourées d'un cercle brun : ce sont les *stigmates* qui servent à introduire l'air dans l'appareil respiratoire dont il sera question plus loin.

La piéride du chou, à l'état de chenille, a pris

d'ordinaire toute sa croissance vers les mois d'octobre et de novembre. Alors elle se prépare à sa première métamorphose en cessant de manger, en vidant complétement son tube digestif, puis elle gagne quelque creux d'arbre ou quelque trou de muraille, et dès qu'elle a découvert un lieu convenable, elle commence ses préparatifs.

Cette chenille n'a pas, comme le ver à soie, à filer un cocon qui la cache et la protége ; bien au contraire, elle se métamorphose en l'air. Elle commence donc par plafonner le point qu'elle a choisi de fils croisés en tout sens. Cette couche de soie, à la fois très-fine et très-forte, fournit un point d'appui solide à ses jambes postérieures. Alors, recourbant sa tête et son corps en arrière jusque vers le milieu du dos, à la façon d'un saltimbanque qui *crampe en cerceau*, elle attache un premier fil sur un des côtés, le conduit et le fixe sur le côté opposé, et recommence le même manége jusqu'à ce qu'elle ait formé une espèce de sangle composée d'une cinquantaine de brins. Cela fait, elle se redresse et mue pour la dernière fois ; mais l'animal qui sort de la peau rejetée n'est plus une chenille, c'est une chrysalide qui, soutenue par les crochets de sa queue et par la sangle dont nous venons de parler, reste suspendue horizontalement au plafond de sa retraite, à peu près comme le sont dans nos cabinets d'histoire naturelle les poissons ou les reptiles trop grands pour trouver place dans les armoires.

Notre piéride, sous la nouvelle forme, qu'elle va

garder pendant tout l'hiver, ne ressemble guère à ce qu'elle était auparavant. — La peau, comme vernie par un liquide visqueux sécrété au moment de sa métamorphose et très-promptement desséché, est coriace et presque cornée. Elle a pris une teinte cendrée, et partout elle est piquetée de jaune et de noir. Le corps a gagné en épaisseur, en revanche il s'est raccourci d'un bon tiers. Au lieu d'être d'un bout à l'autre composé d'anneaux à peu près semblables, il se partage en deux régions distinctes. La postérieure, courte et conique, est seule annelée, tandis que l'antérieure présente sur le dos une espèce de carène, et en avant une sorte d'éperon. Au premier coup d'œil, la tête, les pattes, semblent avoir entièrement disparu. Pourtant, en y regardant de plus près, on aperçoit à la partie antérieure des crêtes arrondies, des saillies disposées régulièrement. Sachant ce que deviendra plus tard cette masse encore inerte, on croit distinguer sous la peau, ou mieux sous l'enduit qui la recouvre, la trace de ces organes, celle de la trompe, des antennes, des ailes, à peu près comme on voit se dessiner confusément les formes d'une momie sous leur couche de bandelettes, — et il en est bien ainsi.

En effet vers la mi-printemps ou au commencement de l'été, la piéride subit sa seconde métamorphose. — Son enveloppe se fend sur le dos ; de ces crêtes, de ces saillies sortent, comme d'autant d'étuis, les organes qu'elles renfermaient : l'animal se dégage bientôt tout entier, et cette peau de chrysalide livre

4.

passage au papillon. Dans les premiers moments, les pattes encore molles peuvent à peine le soutenir ; les ailes, plissées en zigzags microscopiques, sont courtes, épaisses et impropres au vol ; la trompe s'étend en droite ligne, et les deux moitiés en sont souvent séparées. Mais en peu de temps, sous l'action de l'air, les liquides surabondants s'évaporent, les jambes s'affermissent, la trompe s'ajuste et s'enroule, les ailes se déploient, et l'insecte, jadis rampant, puis immobile, s'envole vers quelque fleur voisine où il fait son premier repas.

Voyons en peu de mots, et autrement qu'en poëte ou en homme du monde, ce qu'est devenu le petit ver sorti de l'œuf de la piéride.

Le corps, presque partout couvert de poils qu'on aperçoit aisément à l'œil nu, présente trois régions bien distinctes, séparées par de profonds étranglements, savoir, la tête, la poitrine ou *thorax*, et le ventre ou *abdomen*. — La tête est petite et porte en avant deux longues cornes mobiles ou *antennes*, articulées, terminées en massue, et dont il n'existait aucune trace dans la chenille. Les petits *yeux simples* existent toujours, mais de plus on trouve de chaque côté une grosse masse arrondie, à surface comme treillissée. Ce sont les *yeux composés*, dont chaque facette est un œil véritable, ce qui, d'après les observations de plusieurs naturalistes, porte à trente mille environ le nombre des organes de vision. La bouche, qui ne doit plus ni couper ni mâcher, mais seulement sucer, s'est appropriée à sa destination nouvelle. A peine découvre-t-on quelques vestiges des lèvres supérieure et inférieure, ainsi que des mandibules. Les mâchoires se sont prodigieusement allongées ; la corne qui les revêtait a disparu, et des muscles extenseurs et fléchisseurs se sont développés dans leurs parois. Chacune d'elles présente intérieurement un canal où pénètrent des nerfs et des trachées, et sur sa face interne une gouttière profonde. En s'appliquant l'une à l'autre, en réunissant exactement les bords de leurs gouttières, les mâchoires forment une sorte de tube aussi long que le corps entier, et qui se continue avec la bouche. Naguère instruments de mastication, elles se sont changées en une trompe que l'insecte enroule et déroule à son gré, qui lui permet d'aller jusqu'au fond du calice chercher et aspirer le suc des fleurs comme avec un chalumeau.

La poitrine ou thorax porte les pattes et les ailes. Les premières répondent aux pattes écailleuses de la chenille, mais on sait combien peu elles leur ressemblent. Autant celles-ci étaient courtes et massives, autant celles du papillon sont fines et déliées. La composition en est aussi bien différente. On y reconnaît cinq parties distinctes, et la dernière, le *tarse*, est elle-même composée de cinq articles et d'une paire de crochets. Les ailes, au nombre de quatre, sont attachées par paires sur les côtés du dos. Chacune d'elles s'articule avec les parties solides du thorax par l'intermédiaire d'une chaîne de pièces cornées, qui, réunies par de forts ligaments et munies de muscles puissants, permettent à cette rame aérienne de déployer autant de souplesse que de force dans les mouvements. De cette base partent en divergeant quatre nervures principales, qui se ramifient bientôt, et, comme autant de baguettes cornées, soutiennent les membranes alaires. Malgré leur solidité, ces nervures sont creuses et renferment des tranchées ou canaux aériens, qui atteignent ainsi jusqu'à la marge de l'organe. Deux membranes, d'une finesse extrême et d'une transparence parfaite, collées l'une à l'autre, tapissent les nervures en dessus et en dessous. C'est sur elles que sont implantées, comme les plumes dans la peau de l'oiseau, les petites écailles qui donnent aux ailes de la piéride et à celles des autres papillons leurs couleurs caractéristiques. De ces ailes, de toutes leurs dépendances, la chenille en naissant ne possédait pas même l'apparence.

L'abdomen, qui correspond à la partie postérieure de la chenille, a perdu toutes ses fausses pattes. A cela près il a peu changé. La forme générale s'est quelque peu modifiée, les couleurs ne sont plus les mêmes; mais il est toujours divisé en anneaux assez distincts, et ceux-ci sont au nombre de sept.

Avant d'aller plus loin, faisons ici une remarque très-importante. Ces mues, ces métamorphoses, tous ces changements, si brusques en apparence, ne le sont pas en réalité. Sous la vieille peau, sous l'enveloppe qui sera rejetée, à l'intérieur même des membres qui doivent disparaître ou se transformer, se préparent peu à peu les nouveaux téguments, se dessinent les formes futures, s'organisent les appareils qui vont devenir nécessaires. Au moment de la métamorphose comme à celui de la mue, il n'y a, à vrai dire, qu'un changement d'habit. Quelques jours avant chaque mue, fendez avec précaution la peau bien vivante encore de la chenille, et déjà vous trouverez au-dessous celle qui doit prendre sa place. Faites de même avant la transformation de la chenille en chrysalide, et vous découvrirez des rudiments d'ailes et d'antennes. Coupez à cette époque les pattes écailleuses, et quand la chrysalide deviendra papillon, celui-ci naîtra estropié.

Nous reviendrons plus loin sur ces faits. Disons ici seulement qu'il n'y a rien de soudain dans les métamorphoses de notre piéride, que pas plus ici qu'ailleurs la nature *ne fait de sauts*. Nous allons voir l'étude anatomique confirmer cette conclusion, que l'examen extérieur à lui seul permettrait de regarder comme démontrée.

Laissons de côté les changements internes, dont les détails précédents suffisent pour faire pressentir l'existence. Ne parlons ni des muscles sous-cutanés, ni de ceux qui mettaient en jeu l'appareil masticateur, les fausses pattes, etc., et qui se sont atrophiés ou ont disparu avec ces organes. Oublions également tous ceux qui ont dû naître pour s'approprier à la forme nouvelle des pattes et pour mouvoir les ailes. Ne nous inquiétons pas des centaines de troncs et de filets nerveux, des branches et des ramuscules de

trachées qui ont dû forcément paraître ou disparaître avec les parties qu'ils animent et vivifient.
Bornons-nous à suivre rapidement Hérold dans ses
recherches sur les métamorphoses de quelques
grands appareils, et surtout dans celles qui touchent
au système digestif et aux centres nerveux (1).

Dans la chenille de notre piéride, qu'elle vienne
de sortir de l'œuf ou qu'elle soit prête à se transformer, l'appareil digestif est assez simple. Le canal
alimentaire commence par un *œsophage* très-court
et très-large; il se termine par un intestin qui présente les mêmes caractères, et que l'on a quelque
peine à diviser en deux régions. Entre les deux se
trouve un estomac proportionnellement énorme,
cylindrique, occupant à lui seul la plus grande partie
de l'intérieur du corps. A ces organes principaux se
rattachent en avant deux glandes salivaires, en forme
de tubes longs et entortillés, en arrière six canaux
biliaires très-développés qui représentent le foie. On
voit en outre aboutir dans la bouche et à la filière
dont nous avons parlé plus haut deux organes semblables à des manchons, sinueux, étendus jusqu'en
arrière le long de l'estomac, et qui sont chargés de
sécréter la soie. On voit que tout dans cet appareil
est disposé de façon à extraire les sucs nourriciers
de grandes masses d'aliments peu substantiels et

(1) *Entwickelungsgeschichte der Schmetterlinge*, 1815. Dans
le beau travail, qui peut encore aujourd'hui servir de modèle,
l'auteur a pris pour exemple spécial la piéride dont nous avons
parlé jusqu'ici.

à peine préparés par une grossière mastication.

Aussitôt après que la chenille s'est métamorphosée en chrysalide, des changements se manifestent ; dès le second jour, ils sont considérables. L'œsophage s'est rétréci et allongé ; l'intestin, en se modifiant de la même manière, s'est partagé nettement en deux régions ; l'estomac a perdu près d'un quart de sa longueur et au moins moitié de son diamètre ; les glandes salivaires, les cœcums biliaires commencent à se raccourcir ; les organes sécréteurs de la soie diminuent. Au huitième jour, l'ensemble du tube digestif rappelle exactement un fuseau de fileuse à demi garni de fil et chargé du plomb destiné à le lester. L'œsophage représente le haut de ce fuseau ; l'estomac répond au fil enroulé, l'intestin grêle à la queue du fuseau, et le gros intestin au plomb. En même temps les glandes salivaires, les cœcums biliaires se sont réduits des deux tiers, et les canaux sécréteurs de la soie ressemblent à deux fils très-grêles.

Tant que dure l'hivernage, c'est-à-dire pendant cinq ou six mois, le travail modificateur est suspendu ; mais il recommence avec les beaux jours, et se prolonge jusque chez l'insecte arrivé à l'état parfait. Bientôt les canaux soyeux ont totalement disparu ; les glandes salivaires n'existent plus qu'en vestige ; l'estomac, tout en conservant sa dernière forme, a encore diminué, mais en revanche il s'est formé une poche nouvelle, le *jabot*, tour à tour destinée à faciliter la succion et à mettre en réserve les liquides sucrés recueillis par cet acte. En outre, les deux régions intestinales se sont de plus en plus accusées, et le gros intestin a gagné une poche accessoire qui n'existait pas auparavant.

Passons au système nerveux. Chez les annelés en général et par conséquent chez les insectes à tout état, cet appareil est formé de deux parties principales. Dans la tête, au-dessus de l'œsophage, se trouve le *cerveau*. Dans le reste du corps, d'autres masses nerveuses appelées *ganglions* sont placées au-dessous du tube digestif et composent la *chaîne ganglionnaire*. Le cerveau est relié au premier ganglion, celui-ci au second, etc., par des filets de communication appelés *connectifs*. Dans notre chenille, chaque anneau du corps possède un ganglion, et par conséquent on en compte douze en tout, disposés à des distances sensiblement égales à l'exception des deux premiers qui sont moins éloignés. Le cerveau très-petit se compose de deux lobes lisses joints obliquement et ne fournit que quelques grêles filets nerveux.

Deux jours après la transformation en chrysalide, la chaîne a perdu le quart de sa longueur, et divers mouvements de séparation et de concentration se manifestent. Certains ganglions semblent marcher l'un vers l'autre, d'autres paraissent au contraire s'éloigner. Dès le huitième jour, la chaîne est raccourcie de moitié. Au quatorzième, le premier ganglion et le cerveau se sont rapprochés de manière à entourer presque immédiatement l'œsophage avec

leurs connectifs ; le quatrième et le cinquième ganglion sont soudés ; le sixième et le septième sont à
peine marqués. Alors survient le temps d'arrêt causé
par l'hivernage. Puis le mouvement recommence,
et quand il s'arrête, bien après la dernière transformation apparente de la piéride, on ne trouve plus
que huit ganglions. Le second et le troisième, le
quatrième et le cinquième se sont fondus ensemble
de manière à former deux grosses masses très-rap-
prochées et placées dans la poitrine ; le sixième et
le septième ont complétement disparu, et la place
qu'ils occupaient n'est plus marquée que par l'origine des nerfs ; les cinq derniers n'ont subi que peu
ou point de changement. Enfin le cerveau lui-même
a presque doublé de volume, ses lobes sont maintenant placés en travers, et chacun d'eux donne
naissance à un énorme nerf optique correspondant à
un œil composé (1).

Les changements qu'éprouvent les appareils de

(1) Pour cette courte revue des transformations que subissent
les centres nerveux, nous avons choisi l'ouvrage d'Hérold, parce
que les recherches de cet auteur portent sur l'ensemble du développement d'une espèce dont nous pouvions compléter l'histoire,
grâce aux travaux de Réaumur ; mais les personnes curieuses
d'approfondir l'étude du système nerveux des insectes devront
consulter avant tout les mémoires consacrés à ce sujet par
Newport, naturaliste anglais, prématurément enlevé à la science.
Son travail sur le système nerveux du sphinx du troëne (*sphinx
ligustri*) est un vrai chef-d'œuvre d'investigation intelligente,
de démonstration précise, de déductions vraiment scientifiques.
Il a suivi non seulement jour par jour, mais heure par heure,
dans certains cas, les modifications de cet appareil dans l'espèce
qui faisait le but principal de ses études, et dans le papillon de

la circulation et de la respiration sont loin d'avoir été étudiés avec autant de détail que les précédents. Cette espèce de négligence tient peut-être à l'extrême simplicité du premier autant qu'à l'extrême complication du second. Dans notre chenille comme chez tous les insectes, la circulation est presque entièrement lacunaire. Chez elle comme chez le papillon, le cœur seul existe, ou mieux est représenté par un long canal divisé en plusieurs chambres et étendu d'une extrémité à l'autre du corps. Quand celui-ci se raccourcit, il en est nécessairement de même pour le *vaisseau dorsal*, qui doit en outre devenir de plus en plus sinueux à mesure que les régions du corps se prononcent et se séparent davantage.

Cette dégradation des organes de la circulation est compensée par le développement et la diffusion des organes respiratoires ou *trachées*. Ceux-ci communiquent avec le dehors par les stigmates dont nous avons parlé. Ils consistent sans doute, dans notre chenille comme dans toutes les autres, en deux grands troncs latéraux allant d'un bout à l'autre du corps et donnant naissance à une multitude infinie de branches, de rameaux, de ramuscules qui atteignent partout,

l'ortie (*p. urticæ*). Il montre, par exemple, qu'il suffit d'une heure pour amener dans la forme du cerveau, dans le volume et la disposition des nerfs optiques, des changements très-appréciables. (*On the nervous system of the sphinx ligustri. — Philosophical Transactions*, 1832.) On peut en outre suivre dans son ensemble et ses détails toute l'histoire des métamorphoses d'un papillon, dans le bel ouvrage consacré par M. Cornalia au ver à soie. (*Monografia del Bombice del Gelso*)

pénètrent dans les moindres cavités et tapissent les
organes les plus ténus. Dans tous les insectes qui
volent lorsqu'ils sont arrivés à l'état parfait, et par conséquent dans le papillon de notre piéride, cet appareil
se complique en outre de grandes poches aériennes
qui donnent au corps plus de légèreté. D'après les observations de Newport, c'est chez la chrysalide seulement que ces poches naissent et grandissent avec
une rapidité proportionnelle à celle du développement général (1). Elles doivent donc, chez la piéride,
commencer à paraître en automne, se former à moitié avant l'hiver, demeurer stationnaires pendant
cette saison, et n'acquérir leurs dimensions définitives que peu de temps et même après la dernière
métamorphose.

Les appareils dont nous avons parlé jusqu'ici ont
tous pour fonction d'assurer la conservation de l'individu. Aussi, au moment où l'insecte sort de l'œuf,
tous sont prêts à entrer en exercice. Il n'en est pas
de même des organes destinés à assurer la conservation de l'espèce. Tant que la piéride est à l'état
de chenille, ceux-ci sont tellement peu développés,
tellement méconnaissables, qu'il a fallu les recherches les plus approfondies d'Hérold pour en démontrer l'existence. Cinq mois encore après la transformation en chrysalide, ces organes sont entièrement
rudimentaires. Ce n'est qu'au dernier moment, et
lorsque le papillon est sur le point de paraître, qu'ils

____

(1) *On the respiration of insects.* — *Philosophical Transactions*,
1836.

commencent à se caractériser par leur produits, et
dans l'insecte parfait seulement ils acquièrent leur
développement entier.

Ainsi cet appareil, qui à l'état complet caractérise,
chez les vertébrés et les oiseaux par exemple, une
simple époque de la vie, distingue ici tout un état
particulier de l'être. On voit que sa signification
physiologique acquiert par cela même une valeur
beaucoup plus grande, et nous verrons plus tard
cette importance grandir bien davantage encore.

Dès à présent, nous avons à signaler un fait très-
significatif, et qui se rattache à cet ordre de considérations. La femelle de notre piéride meurt presque
aussitôt après avoir déposé ses œufs, et le mâle l'a
déjà précédée dans la tombe. Pour eux comme pour
presque tous les insectes, le mariage est mortel, et
leur existence cesse dès qu'il ont assuré celle de
leur postérité. Qu'une cause quelconque vienne
empêcher l'accomplissement des actes nécessaires
pour atteindre ce but final, et leur vie, normalement
si courte, sera prolongée au delà de tout ce qu'on
pourrait prévoir. Parfois quelques papillons viennent
au jour à la fin de l'automne ; la température déjà
froide retarde leur développement, et l'hiver arrive
avant qu'ils aient pu se livrer à leurs amours. Ils se
retirent alors sous quelque abri, traversent la mau-
vaise saison tout entière, et reparaissent au printemps. Grâce à cette virginité accidentellement
gardée, leur vie, au lieu de se borner à quelques semaines, se trouve durer plusieurs mois.

CHAPITRE VIII

Métamorphoses des insectes en général.

Nous venons de suivre un insecte dans le cours entier de son existence. En soumettant à une étude semblable un grand nombre d'espèces prises dans chaque groupe, nous arriverions aisément à concevoir le *type virtuel* de cette classe.

Pour nous, l'insecte méritant ce nom dans toute son étendue serait un animal articulé, respirant par des trachées, à trois régions distinctes, portant à la région moyenne trois paires de pattes et deux paires d'ailes, n'arrivant à cet état parfait qu'après avoir subi deux métamorphoses, présentant par conséquent dans sa vie, indépendamment du temps passé dans l'œuf, trois périodes distinctes caractérisées, la première, par une activité à la fois extérieure et intérieure ayant exclusivement pour but l'accroissement de l'individu ; la seconde, par une activité tout intérieure ayant pour but la modification de l'individu ; la troisième, par une activité extérieure et intérieure ayant pour but unique la propagation de l'espèce. — Quelques insectes réalisent complétement cet idéal, et, sans sortir de l'ordre des lépidoptères, nous en rencontrons un exemple. De l'œuf pondu par le cossus ronge-bois (*cossus ligniperda*) sort une chenille qui passe deux ans et peut-être davantage sous cette première forme avant de se changer en chrysalide; celle-ci se transforme en un papillon qui ne prendra aucun aliment, qui n'a même pas de trompe, et dont la vie de quelques jours est entièrement remplie par les actes et les soins qu'exige l'avenir d'une génération nouvelle.

L'immense majorité des insectes s'écarte à des degrés divers de ce type absolu. Parvenus à leur dernier état, la plupart ont encore à entretenir, parfois à compléter leur organisation, et ceux-là doivent se nourrir. Plusieurs, au moment de l'éclosion, ont déjà la forme extérieure qu'ils garderont toute leur vie, et comme les mammifères ils n'ont plus qu'à grandir. D'autres n'acquièrent jamais d'ailes. Néanmoins ces variations sont loin d'être sans limites. Quelques caractères persistent avec une constance qui révèle ce qu'il ont de fondamental.

Tout insecte adulte est divisé en tête, thorax et abdomen; toujours il respire par des trachées, toujours il a pour marcher trois paires de pattes. Le point de vue où nous sommes placés nous permet d'ailleurs d'embrasser l'ensemble de ces différences et de ces rapports en les rattachant à de simples modifications d'un même phénomène.

Avec tous les entomologistes, nous admettons que les métamorphoses peuvent être *complètes* ou

incomplètes (1). On regarde généralement les premières comme suffisamment caractérisées par la succession bien tranchée de trois états correspondant à
ceux de chenille, de chrysalide et de papillon, et qui
portent les noms plus généraux de *larve*, de *nymphe*
ou *pupe*, et d'*insecte parfait;* mais, prenant pour
terme de comparaison notre type virtuel, nous verrons que, tout en passant par ces trois états, un insecte peut néanmoins manquer de l'un des caractères essentiels déjà indiqués. Chez lui, la dernière
transformation peut être comme enrayée sur un
point, et par conséquent en réalité la métamorphose

(1) Elles peuvent aussi être en quelque sorte *exagérées*, comme
l'ont bien démontré les remarquables recherches de M. Fabre
sur les phénomènes du dévoloppement des méloïdes. Chez ces
insectes, la *larve*, avant de passer par l'état de *nymphe*, passe
par quatre formes différentes, que l'auteur appelle *larve primitive, seconde larve, pseudo-chrysalide, troisième larve*. Mais ces
changements qui s'opèrent par de simples mues n'affectent pas
l'organisation intérieure et sont seulement en rapport avec les
conditions diverses d'existence où l'animal se trouvé placé par
suite de ses diverses migrations. Ils rentrent donc dans ceux que
comprend notre première période. C'est ce qu'avait, du reste,
fort bien compris l'auteur des curieux mémoires sur l'*Hypermétamorphose et les mœurs des méloïdes* (*Annales des sciences naturelles*, 1857 et 1858).
    Siebold, dans son travail sur les *Métamorphoses des Strepsi-
ptères* (*Arch. de Vigman*, 1843), M. Joly, dans ses *Recherches
zoologiques, anatomiques et physiologiques sur les OEstrides*,
1846, avaient signalé des faits analogues. Ce dernier avait de
plus, constaté des changements anatomiques coïncidant avec les
modifications de la forme extérieure. Il a justement rattaché ces
deux phénomènes aux nécessités qu'entraine le parasitisme.
(*Note sur l'hypermétamorphose des Strepsiptères et des OEstrides.
Comptes rendus*, 1848.)

n'est pas complète. Il y a là en quelque sorte une transition aux espèces dont les changements sont successifs, peu marqués ou même nuls. Partant de ces données, nous ne considérerons comme *insectes à métamorphoses complètes* que les coléoptères, vulgairement appelés scarabées ; les névroptères, groupe qui comprend les libellules ou *demoiselles*, les éphémères, les termites, etc. ; les hyménoptères, dont font partie les abeilles, les guêpes, les bourdons, etc. ; enfin les lépidoptères. Nous avons parlé de ces derniers ; passons rapidement les autres ordres en revue, en comparant les faits plus saillants de leur histoire aux détails exposés plus haut (1).

Prenons d'abord les coléoptères, et parmi eux le hanneton. — Vers la fin d'avril, peu après le coucher du soleil, un de ces insectes femelles a creusé dans une terre légère, meuble et bien fumée, comme l'est par exemple celle d'un jardin maraîcher, un trou de quinze à dix-huit centimètres de profondeur; il a déposé au fond une trentaine d'œufs, puis il est mort. Un mois environ après la ponte, il est sorti de chaque œuf un petit ver, une *larve* blanchâtre, à demi

(1) Les métamorphoses ne s'accomplissent pas toujours de la même manière dans les divers ordres dont il va être question. Ce phénomène présente souvent d'un groupe secondaire à l'autre de grandes différences, et des exceptions dans un même groupe. Obligé de borner mes exemples, j'ai choisi des espèces dont les transformations peuvent, autant que possible, servir de type, ou bien qui présentent des faits dont j'aurai plus tard à faire l'application ; ainsi, au moins dans les détails, ce qui va suivre n'a rien d'absolu.

roulée sur elle-même, à tête fauve, cornée, armée
d'un puissant appareil de mastication, au corps mou,
oblong partagé en douze anneaux, pourvu de six
pattes écailleuses et de dix-huit stigmates très-ap-
parents.

Ces jeunes larves vivent d'abord en famille. Les
débris de végétaux enfouis dans le sol, les racines
les plus voisines suffisent aux besoins de la couvée
entière pendant cette première saison. Les froids
venus, on ne se sépare pas encore : on mine plus
profondément, et on pratique une loge spacieuse
parfaitement à l'abri de la gelée, où l'on passe l'hiver
en commun. Au printemps, toutes ces larves, plus
grandes et plus voraces, ne sauraient plus trouver
sur le même point une nourriture suffisante ; elles se
séparent alors, et chacune, se creusant une galerie
particulière remonte vers la surface du sol jusqu'à
la région des racines. C'est alors que sous le nom
trop connu de *ver blanc,* elles ravagent les jardins
potagers, les pépinières, les prairies artificielles ou
naturelles, et font périr jusqu'aux plus grands arbres
en dévorant leurs radicelles. A l'entrée de la mau-
vaise saison, elles s'enterrent de nouveau pour recommencer l'année suivante. Cette vie souterraine se
prolonge pendant trois ans et parfois davantage.

Parvenue enfin au terme de sa croissance, chaque
larve creuse une dernière galerie plus profonde que
les précédentes, se construit une loge ovoïde en terre
pétrie avec une humeur visqueuse, et dans cette espèce de cocon se transforme en *nymphe.* Celle-ci res-

5.

semble beaucoup à une chysalide ; seulement les ailes, les pattes, les antennes, au lieu d'être soudées par le vernis dont nous avons parlé, ont chacune son étui propre, et sont appliquées et non collées le long du corps.

Pendant cinq ou six mois, le hanneton reste engourdi sous sa nouvelle forme. Vers la fin du mois de février, il s'éveille et sort de son fourreau ; mais, encore mou et presque incolore, il ne pourrait sans danger affronter les périls qui l'attendent au dehors. Il reste donc en terre jusqu'à ce que ses téguments se soient raffermis, et ne sort que vers le milieu du mois d'avril. Tout aussitôt il vole vers l'arbre le plus voisin, et, devenu insecte parfait, se met à en ronger les feuilles, comme il en rongeait les racines à l'état de ver blanc.

Dans les classifications les plus généralement suivies, les névroptères succèdent aux coléoptères, et nous aurions à nous en occuper dès à présent ; mais, pour procéder graduellement dans l'étude du phénomène qui nous occupe, nous intervertirons l'ordre zoologique, et passerons d'abord aux hyménoptères.

A ce groupe appartient la famille des ichneumoniens, qui rend chaque année à nos jardins, à nos champs, à nos forêts, des services aussi importants que peu connus, en détruisant par myriades leurs plus redoutables ennemis. Parmi tant de petits êtres utiles, nous en choisirons un dont l'histoire se lie à celle de la piéride du chou, et a occupé tour à tour

Goëdaert, Swammerdam, Vallisnieri, Réaumur. C'est le microgaster pelotonné (*microgaster glomeratus*).

Cet insecte ressemble à une petite mouche à quatre ailes soutenues par des nervures qui dessinent de larges cellules, au corps noir, aux pattes jaunes, aux yeux velus, aux antennes sans cesse en mouvement. Chaque femelle porte en outre à l'extrémité de son abdomen une longue *tarière*, sorte d'aiguillon creux composé de trois pièces, et dont nous allons voir les usages.

Lorsqu'une de ces femelles veut pondre, elle se met en quête des chenilles de piéride : elle fond sur la première venue, se cramponne sur son dos, perce la peau d'un coup de tarière et enfonce profondément cet instrument, dont les pièces mobiles forment une sorte de canal. Un œuf se détache alors de l'ovaire, et, glissant le long de ce tube, est déposé dans les tissus de la chenille. Le microgaster retire ensuite son aiguillon, fait quelques pas, s'arrête, et recommence le même manége. En vain la chenille se tord à chaque nouvelle piqûre ; son ennemie poursuit tranquillement jusqu'à ce que la ponte soit achevée et que quarante à cinquante œufs aient été mis ainsi en lieu de sûreté. Cela fait, elle s'envole et ne tarde pas à périr. Dès après son départ, la chenille ne donne aucun signe de souffrance. Ses blessures se cicatrisent ; elle change de peau et subit sa première métamorphose comme s'il ne s'était rien passé ; mais elle ne va pas au delà, et de cette chrysalide sortent bientôt, au lieu d'un papillon, autant de petits vers que le microgaster avait pondu d'œufs.

En effet, chacun de ceux-ci a produit une larve à corps lisse, blanc, dépourvu de toute trace de pieds, à tête à demi cachée sous une sorte de capuchon, mais munie d'un appareil masticateur très-propre à attaquer les tissus de la chenille. Toutes ces larves se sont mises à ronger autour d'elles, ménageant d'abord avec grand soin les organes essentiels, et ne s'attaquant qu'à la graisse qui les enveloppe et les réunit. Puis, devenues plus fortes et plus voraces au moment où leur nourrice involontaire a pris elle-même tout son accroissement et s'est transformée, elles ont achevé de dévorer ce qui restait, et, perçant cette peau qu'elles laissent vide, elles viennent au dehors se filer de jolis petits cocons de couleur jaune. Elles passent l'hiver dans ces abris sans changer de forme, mais au printemps elles deviennent autant de nymphes, et peu de jours après reparaissent à l'état d'insectes ailés.

Vingt ou vingt-cinq, par conséquent la moitié de ces nouveaux venus, sont des femelles qui ne tardent pas à sacrifier autant de chenilles à l'avenir de leur progéniture. On comprend dès lors combien de piérides sont détruites par les microgasters. Réaumur estime que cette destruction est au moins des neuf dixièmes, et, il y a quelques années, de deux cents chenilles recueillies par M. Blanchard, trois seulement donnèrent des papillons : les cent quatre-vingt-dix-sept autres avaient été mangées par le terrible ichneumonien (1). On voit que les maraîchers de Paris devraient avoir pour cet insecte tout autant de reconnaissance que les Égyptiens en accordaient au mammifère qui a donné son nom à la famille.

Revenons maintenant à l'ordre des névroptères, et choisissons pour exemple un groupe dont les diverses espèces, grâce à l'apparente brièveté de leur vie, ont de tout temps appelé l'attention des philosophes, des naturalistes et des littérateurs eux-mêmes (2). Esquissons rapidement, d'après Réaumur, l'histoire de l'éphémère à ailes blanches (*ephemera albipennis*).

Si, à l'exemple de notre illustre guide, on côtoie

(1) *Dictionnaire universel d'histoire naturelle,* article ICHNEU-MONIENS.

(2) Aristote le premier a parlé des éphémères dans un passage où la vérité se mêle aux idées fausses qui avaient cours de son temps, et que nos lecteurs liront peut-être avec intérêt. « Près du fleuve Hypanis, qui se jette dans le Bosphore, dit l'auteur du *Traité des animaux,* on voit pendant le solstice des follicules plus grands qu'un grain de raisin, qui, en se rompant, donnent naissance à un animal muni de quatre ailes et de quatre pattes. Ces êtres vivent et volent jusqu'au soir, s'affaiblissent lorsque le soleil incline vers l'occident, et meurent quand il se couche, leur vie n'ayant duré qu'un jour; de là on les nomme éphémères (littéralement *qui dure un jour*). » Pline, Ælien, n'ont fait que répéter Aristote. Au moyen âge, Scaliger fit connaître ce fait, qu'on trouve des éphémères en France sur les bords de la Garonne, où leur abondance à certaines époques leur avait valu le nom de *manne des poissons.* Clusius les découvrit ensuite en Hollande, et décrivit leur larve. Plus tard, Swammerdam, Réaumur, etc., de nos jours MM. Kirby, Siebold, Léon Dufour, Burmeister, Pictet, etc., les ont étudiées avec un soin extrême, et on peut dire que l'histoire de ces insectes est aujourd'hui une des mieux connues.

en bateau les bords de la Marne ou de la Seine en amont de Paris, on voit que les berges au-dessous du niveau de l'eau sont criblées de petits trous ronds, de trois à quatre millimètres de large, et ordinairement groupés deux à deux. Ces trous sont l'entrée et la sortie d'autant de galeries en forme d'anse, qui s'enfoncent de six à huit centimètres dans le sol, et sont habitées par les larves de notre éphémère. Ces larves elles-mêmes ont environ deux centimètres de longueur. Leur tête porte deux yeux composés très-grands, une paire de fortes mandibules qui leur servent à fouir, et des mâchoires propres à broyer le limon qui paraît leur servir de nourriture. Le thorax, bien distinct, a déjà six pattes franchement articulées; l'abdomen, terminé par trois longs filets hérissés de soies, est recouvert de larges lames frangées que l'animal agite avec une extrême vivacité. Ces lames sont de véritables branchies, c'est-à-dire des organes de respiration aquatique. De gros troncs trachéens pénètrent dans leur épaisseur et s'y ramifient, pour extraire du liquide ambiant et conduire dans tout le corps l'air nécessaire à la vie de l'insecte.

L'éphémère vit ainsi à l'état de larve, pendant deux années environ, acquérant peu à peu les dimensions voulues; puis elle passe à l'état de nymphe. Mais celle-ci, bien au contraire de celles dont nous avons déjà parlé, ne change rien aux habitudes de la larve. Elle habite la même galerie, conserve la même agilité, et n'en diffère que par l'apparition d'ailes ru-

dimentaires qui se montrent à la partie supérieure
du thorax. Cette première métamorphose est donc
incomplète à certains égards. Il n'en est pas de même
de la seconde, celle-ci s'accomplit tous les ans, à la
même époque, presque jour pour jour et heure pour
heure, sans que les variations de température semblent exercer une influence bien marquée. Du 8
au 18 du mois d'août, entre huit et huit heures et
demie du soir, quelques nymphes quittent leurs galeries submergées et atteignent le terrain sec. Presque aussitôt la peau du thorax se fend, et l'insecte
parfait rejette son enveloppe aussi rapidement que
nous quittons un habit. A l'instant même il s'envole,
laissant attachées à sa dépouille ses branchies, qu'ont
remplacées des stigmates, son appareil buccal, dont
il n'aura que faire, etc. De moment en moment, le
nombre des éphémères volantes s'accroît : vers les
neuf heures, elles remplissent l'air; de neuf heures
à neuf heures et demie, elles forment de véritables
tourbillons, enveloppent l'observateur, tombent sur
lui, dans l'eau, sur le sol, comme une neige épaisse,
et s'entassent quelquefois en couches de plusieurs
pouces d'épaisseur. A dix heures, à peine voit-on voltiger quelques individus isolés. — Dans l'espace
d'une heure, ces insectes, qui avaient rampé deux
ans sous l'eau, se sont métamorphosés en animaux
aériens pourvus de quatre ailes finement réticulées,
se sont cherchés et aimés dans les airs, ont pondu
des masses de sept à huit cents œufs, puis sont morts,
méritant bien mieux que leurs frères de l'Hypanis

l'épithète d'éphémères, prise dans son acception moderne.

Déjà dans le groupe que nous venons d'examiner, la métamorphose a quelque chose d'indécis. Entre l'éphémère et sa larve, il y a de nombreux rapports d'organisation. De plus, la nymphe ressemble à peu près complétement à la larve; elle est tout aussi agile qu'elle et mène le même genre de vie. Les termites, les libellules nous montreraient des faits analogues; mais du moins chez tous, surtout chez les éphémères, le type virtuel de l'insecte à l'état parfait se trouve réalisé. Nous allons voir tantôt cette dernière condition manquer, tantôt les rapports entre les divers âges devenir tels que les transformations sont à peine marquées. Nous arrivons aux *insectes à métamorphoses incomplètes.*

Toutefois entre eux et les groupes qui nous ont arrêtés jusqu'ici, nous rencontrons comme transition l'ordre des diptères ou mouches proprement dites. Ici les trois époques de la vie sont parfaitement tranchées, certaines métamorphoses se compliquent même de phénomènes nouveaux; mais dans l'insecte parfait, une des paires d'ailes, la postérieure, avorte constamment et se transforme en de simples balanciers qui ne font plus que régler le vol. Les diptères commencent donc à s'écarter notablement du type virtuel.

Choisissons parmi eux une de ces mouches dont Swammerdam et Réaumur ont si bien fait connaître l'histoire, le stratiome caméléon (*stratiomys chame-*

leon), commun dans les bois des environs de Paris. C'est un bel insecte, un peu plus long et surtout plus large qu'une abeille. Sa tête porte deux antennes en fuseau ; ses yeux composés sont séparés par un intervalle couvert de poils ; la trompe charnue qui lui sert à humer le liquide sucré des nectaires est cachée pendant le repos dans une cavité du front. Son dos, de couleur fauve, porte, indépendamment des deux ailes et des balanciers caractéristiques, deux crochets cornés, courbes et dirigés en arrière. Son abdomen de couleur brune est tacheté de lunules blanches. Tel est l'insecte à l'état parfait. Voyons-le à l'état de larve.

Celle-ci est une espèce de ver plat, renflé dans le milieu, se terminant aux deux bouts en pointe mousse, long de près de six à sept centimètres, d'une couleur brunâtre, partagé en douze anneaux, pourvu d'un appareil buccal assez informe, sans aucune trace de pieds, et dont la peau coriace et tuberculeuse ressemble à du parchemin mouillé. Cette larve habite la plupart de nos mares, où elle nage un peu à la façon des sangsues. Obligée pourtant de respirer l'air en nature, elle y parvient à l'aide d'un curieux mécanisme. Son dernier anneau, très-allongé, se termine par un bouquet de soies ramifiées en forme de plumes et entourant un orifice où viennent aboutir deux grands troncs trachéens étendus d'une extrémité à l'autre du corps. L'animal tient habituellement cet orifice fermé et les soies rapprochées. Mais a-t-il besoin de respirer, il remonte à la surface, épanouit son bouquet de plumes, et, soutenu par cette espèce d'entonnoir, reste suspendu la tête en bas, tandis que l'air entre librement par l'orifice, pénètre dans les trachées, et va se répandre dans le corps entier.

Réaumur ne nous dit pas combien de temps les stratiomes vivent à l'état de larve. Toujours est-il que vers le commencement de l'été on commence à en rencontrer quelques-unes coudées en zigzags et devenues immobiles et roides. Qu'on les ouvre alors avec précaution, et à l'intérieur on trouvera la nymphe toute formée. Au moment de la métamorphose, le stratiome s'est bien détaché de sa peau de larve, comme nous l'avons vu faire aux insectes appartenant aux ordres précédents; mais, au lieu de la rejeter et d'en sortir, il est resté dedans, s'épargnant ainsi la peine de creuser une loge ou de filer un cocon. Au reste, cette peau est pour lui une habitation très-vaste et qu'il est loin de remplir sous sa nouvelle forme. En changeant d'état, son corps s'est ratatiné de telle sorte que la nymphe occupe à peine l'espace correspondant à cinq anneaux de la larve. En revanche, les yeux, la trompe, les antennes, les pattes, les ailes ont poussé à l'extérieur, et des changements non moins considérables ont eu lieu à l'intérieur. Ainsi allégée, la peau de larve servant de coque vient flotter d'elle-même à la surface de l'eau. Au bout de cinq ou six jours, la nymphe réveillée s'agite dans cette espèce de coffre, en fait éclater la partie supérieure, et le stratiome, dégageant ses membres un à un des étuis qui les enveloppent, sort de son berceau flottant. Plus heureux que la plupart des espèces à larves aquatiques, il ne redoute pas de naufrages, car il est insubmersible, et c'est en marchant sur l'eau comme sur une terre ferme qu'il achève de retirer son corps des derniers langes qui l'emprisonnaient.

Après les diptères, nous ne trouvons plus que des insectes à métamorphoses franchement incomplètes ou nulles. Généralement on se borne à constater ce fait, mais l'idée toute générale que nous nous sommes faite des insectes permet d'aller un peu plus loin et d'envisager les modifications, la disparition même du phénomène, comme le résultat de deux causes immédiates distinctes, ou au moins comme obtenues par deux procédés très-différents. Les métamorphoses peuvent être rendues incomplètes soit par le développement pour ainsi dire prématuré de l'insecte dans l'œuf, soit par un arrêt dans le développement qui succède à l'éclosion. L'absence de métamorphoses s'explique par l'intervention de ces deux causes réunies.

Les orthoptères, comprenant les sauterelles, les grillons, etc., les hémiptères, dont font partie les punaises, les cigales, les fulgores, etc., n'ont que des métamorphoses peu marquées, parce qu'en sortant de l'œuf ils possèdent déjà la plupart des caractères distinctifs de l'état parfait. Par conséquent leur mode d'existence est également arrêté pour toute la vie. La larve d'une sauterelle par exemple saute et broute l'herbe, comme le faisaient ses parents ; les

organes de locomotion, de digestion, etc., ont tout
d'abord leurs formes, leurs relations définitives.
Son appareil reproducteur est sans doute encore imparfait à bien des égards, mais déjà la future femelle
porte à l'extrémité de l'abdomen une espèce de sa-
bre à deux lames, qui n'est autre chose qu'une tarière destinée à creuser la terre pour enfouir les
œufs et les mettre à l'abri. Pour être extérieurement
un insecte complet, il ne lui manque en réalité que
plus de taille et des ailes. Or à chaque mue elle grandit, et les organes du vol se montrent bientôt sous
formes de moignons informes. A ce moment commence l'état de nymphe. Sans rien changer au
genre de vie de la larve, celle-ci continue à se développer, et, à la suite d'une dernière mue, les ailes
acquièrent toute leur grandeur. — La sauterelle est
arrivée à l'état parfait bien plutôt par des *transformations* que par des *métamorphoses*.

Les insectes à métamorphoses incomplètes *par
développement prématuré* arrivent généralement à
réaliser le type normal de l'insecte adulte ; ceux au
contraire dont les métamorphoses sont incomplètes
par suite d'un *arrêt de développement* restent toujours
plus ou moins éloignés de ce type. C'est là ce qui arrive aux puces.

En pondant ses œufs, gros à peine comme une
tête de camion, la mère a collé auprès d'eux de petits
fragments de sang desséché. De chaque œuf sort une
petite larve, d'abord blanche et bientôt brunâtre,
dont chaque anneau porte une petite touffe de poils.

Quoique dépourvue de pieds et d'yeux, cette espèce de ver n'en déploie pas moins beaucoup d'activité, et sait fort bien trouver sa nourriture. En douze ou quinze jours, cette larve a acquis tout son développement. Alors elle se file un petit cocon en soie excessivement fine, dont les fils très-serrés, mais formant un tissu à demi transparent, permettent de suivre à l'intérieur les progrès de la métamorphose. Comme dans les autres groupes dont nous avons parlé, la nymphe, aussi immobile qu'une chrysalide, montre toutes les parties de l'insecte parfait repliées et comme en raccourci, mais on ne lui trouve pas de rudiments d'ailes. La puce adulte sautera très-bien, mais ne doit pas voler. Ici la métamorphose reste incomplète par le non-développement de ces organes caractéristiques.

L'arrêt de développement peut respecter parfois les formes extérieures essentielles et n'atteindre que des appareils dont les parties fondamentales sont cachées à l'intérieur. La métamorphose n'en est pas moins incomplète dans ce cas.

Depuis longtemps on a expliqué ainsi la nature particulière de certains individus, toujours de beaucoup les plus nombreux dans les colonies d'insectes, et qui, n'étant ni mâles ni femelles, ont pour cette raison, reçu le nom de *neutres*. Ce sont en réalité autant de femelles modifiées par l'influence d'un régime probablement trop peu substantiel et d'une réclusion trop étroite. Les observations de Réaumur, les expériences de Schirach et de Huber ne peuvent au moins, laisser de doute sur ce point lorsqu'il s'agit des abeilles. Chez celles-ci, l'alvéole qui renferme une larve de reine, c'est-à-dire de femelle féconde, est incomparablement plus grande et plus solidement construite que les autres. La future reine-mère reçoit en outre une bouillie spéciale. Vient-on à enlever la reine régnante dans un moment où aucune mesure n'a encore été prise pour la remplacer, aussitôt les abeilles abattent des cloisons, élargissent et renforcent quelques cellules, apportent aux larves qui les habitent la bouillie réservée aux bouches royales, et, sous l'influence de ce nouveau régime, ces larves, qui eussent été des neutres, deviennent autant de femelles capables de pondre de trente à quarante mille œufs. Bien plus, si quelques gouttes de la pâtée prolifique tombent dans les cellules voisines et sont dévorées par des larves maintenues d'ailleurs dans les conditions communes, celles-ci montent, pour ainsi dire, d'un degré dans l'échelle du développement et deviennent à demi fécondes (1).

Ainsi, chez les abeilles, les termites, les fourmis, chez tous ces insectes monarchiques ou républicains qui vivent en commun, les neutres ne sont que des femelles à appareil reproducteur avorté. Soustraites par ce fait même aux préoccupations et aux devoirs qui remplissent la vie de tout insecte parfait, elle contractent des obligations

(1) Nous aurons à revenir plus loin avec détail sur la reproduction des abeilles. (Voir les chapitres consacrés à la parthéno-genèse.)

nouvelles. Ce sont elles qui, sous le nom bien connu d'*ouvrières*, accomplissent seules tous les travaux, creusent les souterrains ou élèvent les édifices, soignent les œufs et les jeunes, ramassent les vivres, et défendent la communauté, même au péril de leur vie. — Au point de vue du genre de vie la *métamorphose incomplète* crée pour ainsi dire ici des animaux nouveaux.

Nous venons de voir la métamorphose normale amoindrie pour ainsi dire, tantôt par l'accélération prématurée, tantôt par l'arrêt ou l'absence du développement de certaines parties. Chacune de ces causes agissant isolément a altéré le phénomène d'une manière différente; leur action combinée en entraîne la disparition totale. Or un insecte sans métamorphoses s'écarte tellement, au point de vue physiologique, du type virtuel, qu'il est presque déclassé, et sa nature exceptionnelle se traduit par un caractère négatif constant. Jamais il ne possède d'ailes, par conséquent jamais il n'est, à proprement parler, un insecte complet, car les organes du vol sont chez les invertébrés tout aussi exclusivement attribués à ce groupe qu'ils le sont chez les vertébrés aux oiseaux, et ils ne sont pas moins caractéristiques ici.

On a pu voir d'ailleurs que l'existence des ailes, et leur développement fonctionnel sont intimement liés aux métamorphoses. Jamais elles n'existent chez la larve ; elles n'apparaissent que chez la nymphe ; elles ne se déploient que dans la dernière période de la vie. Tous les insectes à vol puissant et soutenu ont à subir des métamorphoses complètes ; pas un insecte à métamorphoses incomplètes, pas même le redoutable criquet voyageur (1), ne jouit de cet avantage. Bien au contraire, plusieurs d'entre eux n'acquièrent jamais les organes du vol. On voit que les insectes sans métamorphoses ne devaient pas en avoir. C'est en effet ce qui arrive à tous ceux qui, comme les pous, les podures, les lépismes, etc., sortent de l'œuf tout formés et n'ont plus qu'à grandir. — Ces espèces sont purement ovipares, et leur développement s'effectue par de simples transformations ; mais aussi elles ne revêtent jamais complétement les caractères de l'insecte adulte, et restent, pour ainsi dire, larves pendant toute leur vie, au moins à l'extérieur.

(1) Le criquet voyageur (*acridium migratorium*) n'est autre chose que cette espèce de sauterelles dont les colonnes serrées ravagent des contrées entières et engendrent parfois la peste ou le typhus par la putréfaction de leur corps, après avoir fait naître la famine par leur voracité. Bien que les ailes de ce grand orthoptère mesurent jusqu'à dix centimètres d'envergure, elles ne sauraient lui permettre seules d'accomplir de longs voyages. Le vol de l'insecte isolé est lourd et peu soutenu. C'est principalement l'action du vent qui transporte ces nuées vivantes à des distances souvent considérables, et les entraîne quelquefois usqu'en pleine mer.

CHAPITRE IX

Métamorphoses des reptiles batraciens et des lamproies.

En parlant des insectes, nous avons dû et pu entrer dans quelques détails. Encore aujourd'hui leurs métamorphoses peuvent servir de type à qui étudie ce phénomène. En outre les mots chenille, chrysalide, papillon, ver, scarabée, sauterelle, etc., rappellent à tous nos lecteurs des images précises. En nous suivant sur ce terrain, ils se trouvaient en pays de connaissance, et grâce à ces points de repère ils auront aisément saisi, nous l'espérons, les faits anatomiques, les notions physiologiques placés plus en dehors de leurs préoccupations habituelles. Il nous reste maintenant à revenir sur nos pas et à explorer au même point de vue le règne animal tout entier, à aborder par conséquent des régions généralement moins connues. Sous peine de ne pas être compris, il nous faut être plus bref. Aussi nous bornerons-nous désormais à indiquer les faits essentiels propres à motiver nos conclusions générales.

Toutefois, au début de cette partie de notre travail, nous rencontrons encore un de ces groupes que tout le monde connaît, et qui mérite d'autant

6

plus de nous arrêter qu'il a été longtemps regardé comme présentant seul des métamorphoses parmi les vertébrés. Nous voulons parler des *batraciens,* c'est-à-dire des grenouilles, des salamandres terrestres ou aquatiques, et de tous les animaux voisins. Ici encore nous rencontrerons des métamorphoses complètes et des métamorphoses incomplètes ; mais ce phénomène s'accompagne de quelques particularités différentes de ce que nous avons vu se passer chez les insectes. Ainsi jamais ici les changements ne se montrent d'une manière brusque ; rien ne rappelle la période de torpeur apparente qui caractérise l'état de nymphe. Tout se fait graduellement, et l'observateur peut constamment suivre de l'œil la marche du développement extérieur.

Les grenouilles, que nous prendrons d'abord pour exemple, présentent un autre fait fort curieux et bien différent de ce que nous avons vu jusqu'ici. On peut dire que chez elles l'état de larve est précédé par une période pendant laquelle le jeune animal, quoique déjà sorti de l'œuf, est encore à moitié embryon. A cette époque, en effet, l'appareil digestif proprement dit, et à plus forte raison tous ses annexes n'existent qu'à l'état rudimentaire. Une grosse portion du vitellus ou jaune, englobée par la peau depuis longtemps formée, occupe la plus grande partie du corps, et c'est aux dépens de cette masse alimentaire que l'organisme se complétera.

Des caractères extérieurs répondent à cette période d'imperfection organique. La tête est grosse, comme fendue en deux en dessous, et chaque moitié se prolonge en une sorte d'éminence qui sert à l'animal à adhérer aux corps voisins ; il n'existe encore ni yeux, ni oreilles, ni narines, ni organe respiratoires ; le ventre est oblong et se continue en arrière en une queue très-courte, à peine bordée par un étroit ruban cutané. Mais cet état est de peu de durée. Dès le quatrième jour après la naissance, la tête, aussi volumineuse que le corps, a pris presque la forme d'un dé à coudre ; la bouche est entourée de deux lèvres molles ; les narines, les yeux, les oreilles, ont paru : une fente profonde sépare la tête du ventre, qui est presque sphérique, et dessine un opercule dont le bord porte de chaque côté une petite branchie ramifiée : enfin la queue a grandi de manière à égaler le corps en longueur. Bientôt la bouche s'arme d'une sorte de bec corné propre à entamer les végétaux ; l'intestin, très-long, s'organise et se roule en spirale ; la queue s'allonge et s'élargit ; la petite grenouille prend alors le nom de *têtard*.

A ce moment s'accomplit chez elle un de ces changements qui rentrent trop bien dans l'ordre d'idées que nous cherchons à développer pour que nous les passions sous silence. Notre larve de batracien a respiré d'abord par la peau seulement, puis à l'aide de branchies en forme d'arbuscules suspendues sur le bord de l'opercule. Vers le septième ou huitième jour, l'opercule se soude peu à peu au ventre, les branchies extérieures se flétrissent et disparaissent. En même temps, dans une cavité placée à droite

et à gauche du cou sous la peau, il s'en développe
de nouvelles et bien plus compliquées. Celles-ci ont
la forme de houppes, reposent sur une charpente
solide formée par quatre arcs cartilagineux, et sont
au nombre de cent douze de chaque côté. — On
voit qu'il y a eu là et très-rapidement substitution
d'un organe à un autre pour remplir la même fonction d'une manière toute semblable, car, avant
comme après, la respiration est aquatique et ressemble à celle des poissons.

Mais les modifications de l'appareil respiratoire
ne s'arrêtent pas là. Pour devenir grenouille, le té-
tard doit perdre ces secondes branchies comme il
a perdu les premières, et les remplacer cette fois
par des poumons. Aussi au moment voulu voit-on se
produire des faits analogues aux précédents. Les
houppes vasculaires logées sous la peau s'atrophient
progressivement, et en revanche les poumons, jusque-là pleins et rudimentaires, s'ouvrent et grandissent. L'appareil circulatoire marche partout du
même pas. Les gros troncs branchiaux diminuent de
calibre ; les ramuscules pulmonaires grossissent et
multiplient leurs ramifications. Plus tard l'appareil
branchial est atteint jusque dans ses parties solides ;
les cartilages, les os se résorbent peu à peu. Enfin
le changement est complet : il ne reste plus trace
de branchies. — Cette fois il n'y a pas eu seulement
transformation, substitution ; il y a eu vraiment métamorphose, car la respiration est devenue aérienne
d'aquatique qu'elle était, et l'animal, à parler

presque rigoureusement, est passé de l'état de poisson à celui de reptile.

En prenant chaque appareil en particulier, en descendant dans les détails, nous aurions à signaler bien d'autres faits curieux dans le développement de nos grenouilles. Nous verrions, par exemple, les habitudes herbivores faire place aux instincts carnassiers, et l'appareil digestif tout entier se modifier en vue du nouveau régime. La bouche s'agrandit et se fend ; le petit bec ou mieux peut-être les lèvres cornées sont remplacées par des dents implantées non sur les mâchoires, mais à la voûte du palais ; le tube intestinal, d'abord très-long et presque cylindrique, se raccourcit et se renfle par places; l'abdomen, d'abord globuleux, devient svelte et efflanqué, etc. Cependant la métamorphose se montre dans toute son étendue et peut-être plus facilement suivie dans l'appareil locomoteur. Ici nous voudrions pouvoir reproduire tous les détails recueillis par A. Dugès, et dont la nature de ce travail nous permet de donner seulement une idée générale (1).

Pas plus au dedans qu'au dehors le têtard n'a d'abord le moindre indice de membres. Il se meut comme un poisson, uniquement à l'aide de sa queue (2), organe considérable, plus long, plus

______

(1) *Recherches sur l'ostéologie et la myologie des Batraciens à leurs différents âges*, 1834. Ce mémoire, œuvre d'un homme éminent enlevé par une mort prématurée, avait remporté le grand prix de physiologie proposé par l'Académie des sciences.

(2) Les nageoires des poissons leur servent bien plus à régler,

large que le corps, soutenu par un prolongement de la colonne vertébrale, mû par des muscles puissans, nourri par de larges vaisseaux, animé par de nombreux troncs nerveux. Mais sous la peau, sous les muscles, en avant et en arrière du tronc, naissent, à un moment donné, de petits moignons suspendus d'abord aux parties voisines par des vaisseaux et des nerfs. Ce sont les pattes qui commencent et montrent d'abord la main et le pied. Ces moignons grandissent : leurs dépendances apparaissent successivement, et par conséquent les os de l'épaule et du bassin. En revanche, à mesure que ces membres se rapprochent du moment où ils pourront entrer en fonction, la queue commence à décroître. Peau, muscles, nerfs, os et vaisseaux s'atrophient et finissent par disparaître. Ils ne se flétrissent pas, ne tombent pas, ne sont pas rejetés par quelque mue comme la peau et les trachées d'une larve d'insecte ; non, leur substance même est résorbée par l'organisme, molécule à molécule ; si bien qu'ils cessent d'exister sans avoir un instant cessé de vivre.

Ainsi dans l'ensemble aussi bien que dans chacun de ses appareils, à l'exception des centres nerveux, les grenouilles nous montrent des métamorphoses complètes. Il n'en est pas de même des salamandres.

à diriger la natation qu'à la produire. Tout au plus leur servent-elles à ce dernier emploi lorsqu'il s'agit de mouvements très-lents, ou quand l'animal veut rester stationnaire. Dès qu'il s'agit de se mouvoir un peu rapidement, c'est la queue qui entre en jeu. Il suffit, pour se convaincre de ce fait, d'observer pendant quelques instants le manége des poissons rouges enfermés dans un bocal.

Celles-ci, à l'état de larve, conservent leurs branchies extérieures et n'acquièrent jamais de branchies internes. Pour arriver à la respiration aérienne, elles franchissent en quelque sorte une des transformations imposées aux grenouilles. A l'état parfait, les salamandres prennent aussi quatre pattes, mais elles gardent leur queue.

La métamorphose va se simplifiant de plus en plus à mesure qu'on avance vers les rangs inférieurs de ce singulier groupe. Le protée qui n'habite que les lacs souterrains de la Carniole, l'axolotl qu'on trouve seulement dans le lac de Mexico, portent pendant toute leur vie des branchies extérieures tout en acquérant des poumons, et, véritables amphibies, peuvent ainsi respirer indifféremment dans l'air et dans l'eau. Enfin le lépidosiren, ce type des animaux de transition, présente, même à l'état adulte, dans ses centres circulatoires, aussi bien que sous tous les autres rapports, un tel mélange des caractères essentiels aux reptiles et aux poissons, que les plus habiles anatomistes vivants, après de nombreuses études, sont encore partagés d'opinion sur son compte, et ne savent au juste à laquelle de ces deux classes revient cet être vraiment paradoxal.

Jusqu'à 1856 tous les naturalistes ont cru que parmi les vertébrés les batraciens seuls présentaient des métamorphoses. Il était réservé à M Auguste Müller de constater chez les poissons des phénomènes extrêmement semblables à ceux que nous venons de décrire. Ce naturaliste a mis hors de doute que les ammocètes ne sont autre chose que les larves des lamproies. Toutefois pour atteindre à l'état parfait elles ont bien moins de chemin à faire que le têtard pour devenir grenouille. Ici chez la larve comme chez l'adulte la respiration est toujours branchiale ; l'ammocète est déjà un poisson comme la lamproie. Les seuls appareils qui se modifient d'une manière très-marquée sont la bouche, qui se transforme en un appareil à la fois de succion et de mastication, les portions antérieures du tube digestif qui remontent vers l'orifice buccal, l'ensemble d'os et de muscles destiné à l'accomplissement des actes respiratoires (1). — Si ces changements se passaient dans l'œuf au lieu de se manifester chez des êtres vivant déjà d'une vie indépendante, il n'y aurait là rien qui dépassât la limite des faits que nous avons rapportés, aux simples *transformations*. Mais ils s'accomplissent après la ponte, et, par cela seul, rentrent dans l'ordre des faits que comprend la métamorphose proprement dite.

(1) *Ueber die Entwickelung der Neunaugen.* (*Archives de Müller*, 1856.) — Jusqu'au moment de la belle découverte de M. Aug. Müller, l'ammocète avait été regardé comme l'avant-dernier des poissons. L'amphioxus, qui s'écarte bien davantage encore du type de cette classe et se rapproche, à bien des égards, des annélides errants, était et est encore relégué au dernier rang. Mais il est aujourd'hui permis de se demander si cet animal, si exceptionnel à tant d'égards, est bien réellement un animal parfait. Par quelques points de son organisation, il rappelle les ammocètes de nos ruisseaux. Ne serait-il pas la larve du petromyzon marinus, ou de quelque autre espèce ?

CHAPITRE X

Métamorphoses des myriapodes, des crustacés, des annélides.

Revenons aux invertébrés. Avec les insectes, le sous-embranchement des annelés comprend les myriapodes ou mille-pieds (scolopendre, iule, etc.), les arachnides (araignée, scorpion, etc.), et les crustacés (crabe, écrevisse, cloporte, etc.). De ces trois classes, la seconde n'offre aucune trace de métamorphoses ; mais ce phénomène, sans être aussi général que chez les insectes, reparaît dans les deux autres, et parfois avec des caractères que nous n'avons pas encore rencontrés.

Parmi les myriapodes à métamorphoses, les iules ont été le plus complétement étudiés, entres autres par de Géer, par MM. Savi, Waga et Gervais. Parvenus à l'état parfait, ces petits animaux sont composés d'une suite d'articulations placées bout à bout comme les grains d'un chapelet, et qui sont presque toutes munies de deux paires de pattes. Le nombre de ces membres varie ainsi de cent quarante environ à deux cents, selon les espèces. Or au sortir de l'œuf le jeune iule est complétement lisse et apode. Bientôt il se partage en un petit nombre de segments, et il lui pousse trois paires de pattes. Avec l'âge, et à la suite de mues successives, le nombre des segments et des pattes va toujours en augmentant sans que les autres caractères changent. En outre, en naissant l'iule était aveugle. Les yeux se montrent peu après les premiers organes de loco-motion, et se multiplient à mesure que l'animal grandit. On voit qu'ici il n'y a pour ainsi dire pas mé-tamorphose, mais que l'organisme se complète et s'accroît d'abord par l'addition de parties nouvelles, puis par la simple répétition de parties déjà existantes.

La classe des crustacés nous montre des faits pres-que entièrement pareils. C'est ainsi que dans une petite salicoque d'eau douce, assez semblable à ces chevrettes qui figurent aux étalages de Chevet et de ses confrères, dans la caridine de Desmarets (*caridina Desmarestii*), M. Joly a vu certaines pattes thoraciques et abdominales, des pièces stomacales et même les branchies, ne se montrer qu'après l'éclosion (1). En outre, des organes déjà existants, les yeux par exemple, se sont modifiés; d'autres, comme les appendices accessoires de certains pieds, se sont atrophiés. — Nous voilà déjà bien près de la métamorphose telle qu'on la comprend ordi-nairement. Mais si, quittant la grande division des macroures (2), nous passons à celle des bra-

(1) *Études sur les mœurs, le développement et les métamorpho-ses d'une petite salicoque d'eau douce. (Annales des sciences naturelles,* 1843.)

(2) Littéralement *crustacés à grande queue.* A cette division

chiures (1), le phénomène que nous étudions va se caractériser bien mieux encore.

Quel est celui de nos lecteurs qui, ayant passé quelques heures au bord de l'Océan, à l'heure du reflux, n'a pas remarqué le ménade (*portunus mœnas*), le crabe enragé, comme l'appellent nos marins, celui de tous ses congénères qui se hasarde le plus volontiers au grand jour, et qui, peu recherché à cause de la sécheresse et de la pauvreté de sa chair, pullule impunément à côté même des cabanes de pêcheurs ! Avant de courir ainsi sur la plage, ce crustacé a nagé en pleine eau sous la forme d'une *zoé* (2). Il avait alors la tête et le thorax confondus sous une carapace presque globuleuse, armée de longues

appartiennent les écrevisses, les homards, les langoustes, tous ces crustacés dont l'abdomen, appelé vulgairement la queue, est charnu, très développé, et sert à la natation.

(1) Littéralement *crustacés à queue courte*. Tous les crabes appartiennent à ce groupe, caractérisé par un abdomen peu développé que l'animal porte recourbé en dessous et appliqué contre le thorax, généralement regardé comme le corps des crustacés.

(2) Avant que Thompson, et après lui le capitaine Ducasse eussent fait connaître les métamorphoses si curieuses de certains crustacés (*Zoological Researches and Illustrations*, 1831; *On the double Metomorphosis in the decapodous crustacea*, 1835. — *Philosophical Transactions*), leurs larves, regardées comme autant d'espèces adultes distinctes, avaient été nommées et classées. On avait rangé en général dans le genre zoé celles des brachiures et quelques autres qui ont dû disparaître des cadres zoologiques par suite de la découverte du savant anglais et de ses successeurs. Les faits de cette nature sont aujourd'hui assez multipliés, et tout récemment encore MM. Coste et Gerbe viennent de montrer que les *Phyllosomes* ne sont autre chose que des larves de langoustes.

pointes dirigées en avant, en arrière et sur les côtés;
son abdomen, fort et très-allongé, se terminait par
une pièce large et profondément bifurquée; sa
bouche était très-simple; les membres, qui dans
l'adulte viennent la compliquer et aider à la mastication, étaient représentés par deux paires de longues doubles rames; les vraies pattes étaient entièrement rudimentaires. Rien chez lui en un mot ne
rappelait ce crabe à corps aplati, verdâtre, qui fuit
sans trop de hâte devant le promeneur, et semble,
dans sa marche oblique et saccadée, lui adresser le
geste bien connu des gamins de Paris.

La plupart des autres ordres, et surtout celui des
entomostracés, nous fourniraient encore une longue liste d'espèces à métamorphoses plus ou moins
complètes. Sans doute il reste encore bien des progrès à faire dans la voie ouverte par MM. Thompson
et Ducasse; mais dès à présent on peut admettre,
contrairement à la croyance généralement adoptée
il y a bien peu d'années encore, que les espèces de
crustacé à formes définies aussitôt après l'éclosion
sont probablement en minorité. Entrer dans ces détails serait à la fois inutile et presque impossible sans
le secours de nombreuses figures. Partout d'ailleurs
nous retrouverions ce que nous avons déjà vu tant de
fois : savoir, création de parties nouvelles, destruction, modification ou multiplication de parties déjà
existantes. Presque toujours aussi nous verrions la
métamorphose avoir évidemment pour résultat final
le perfectionnement progressif de l'individu.

C'est précisément tout le contraire qui arrive dans deux groupes secondaires très-remarquables de cette même classe des crustacés. Ici, à en croire les apparences, la métamorphose dégrade au lieu de perfectionner, et en même temps elle imprime à l'organisme des modifications tellement insolites, qu'on est resté bien longtemps sans savoir que faire de ces êtres anormaux. Cuvier est mort regardant encore les balanes et les anatifes comme des mollusques, et les lernées comme des vers intestinaux.

C'est à MM. Thompson et Nordmann que nous devons d'avoir mis la vérité à la place de cette double erreur. Le premier découvrit la véritable nature des cirrhipèdes (1), le second celle des siphonostomes (2). Tous deux arrivèrent au but en étudiant ces animaux au sortir de l'œuf, en les comparant à des larves connues pour appartenir très-certainement à des crustacés, en les suivant dans leurs transformations. Les premiers faits qu'ils publièrent rencontrèrent bien des incrédules, mais, confirmés par de nombreux observateurs, ils sont aujourd'hui hors de doute, et personne ne dispute plus à ces deux naturalistes l'honneur d'avoir les premiers révélé toute la puissance de cet étrange mode d'évolution que nous avons appelé le développement récurrent (3).

(1) *Zoological Researches and illustrations, or natural history of non descript or imperfectly known animals*, 1831.

(2) *Mikrographische Beitrage zur Naturgeschichte der wirbellosen Thiere*, 1832.

(3) Parmi les naturalistes qui ont le plus contribué à éclairer l'histoire du développement des cirrhipèdes, je citerai MM. Bate,

Faisons comme Darwin, et, en réunissant les observations de ce naturaliste à celles de ses émules, essayons de donner une idée des métamorphoses d'une de ces balanes, dont les petits tests aigus et dentelés recouvrent, comme une sorte de croûte, les rochers les plus exposés à la furie des vagues. — De l'œuf pondu par la mère est sortie une larve presque microscopique dont le corps étroit et partagé en un petit nombre de segments allongés porte en avant deux antennes libres, et sur les côtés deux autres appendices de même nature enfermés dans des espèces de cornes. Trois paires de pattes, pourvues de poils longs et robustes, servent de rames à l'animal. Une carapace d'une seule pièce recouvre son dos, déborde en avant et sur les côtés, et laisse apercevoir un œil unique placé sur le front. Ainsi pourvue d'organes des sens et de locomotion, la petite balane nage vivement dans le liquide, rappe-

Burmeister, Goodsir, et surtout M. Darwin, qui a publié sur le groupe entier un ouvrage des plus complets (*A Monography of the subclass Cirripedia*, 1854. Publications de la société de Ray). Trois naturalistes français se sont aussi livrés à l'étude du même sujet. Ce sont : M. Souleyet, que la mort est venue arrêter au milieu de ses recherches ; M. Bouchard-Chantereaux, si connu par ses travaux sur les mollusques, et M. Hesse, commissaire de la marine. Quant aux siphonostomes, je citerai surtout le mémoire dans lequel M. van Beneden a résumé les travaux de ses prédécesseurs, en y joignant le résultat de ses nombreuses et persévérantes recherches (*Annales des sciences naturelles*, 1831), et les nombreuses publications qu'il a faites depuis cette époque sur le même sujet dans les *Mémoires* et les *Bulletins* de l'Académie de Bruxelles.

lant entièrement par son ensemble la larve d'un cyclope (1).

Un premier changement s'opère, et alors c'est à une cypris ou à une limnadie adulte qu'elle ressemble (2). Son corps est en entier caché dans deux valves qui rappellent celles des mollusques acéphales (3) ; les pieds se sont multipliés ; deux appendices placés en avant, et qui sortent de la coquille, lui permettent de s'attacher aux algues et à tous les corps submergés. C'est en se cramponnant à l'aide de ces singuliers organes que notre petit crustacé se fixe, la tête en bas, là même où les lames brisent avec le plus de violence ; puis il perd sa coquille bivalve, et la remplace par des pièces plus nombreuses qui apparaissent comme autant de plaques sur les côtés et le dos de l'animal. Mais ce n'est encore là qu'un état essentiellement transitoire. Bientôt une sorte de rempart calcaire s'élève tout autour de cette espèce de nymphe, et prend la forme d'une pyramide irrégulière, creuse, à orifice dentelé et largement ouvert. C'est au fond de cette cellule que la jeune balane, jusque-là libre et vaga-

(1) Les cyclopes sont de petits crustacés inférieurs, fort communs dans certaines eaux douces, et qui eux aussi subissent des métamorphoses depuis longtemps connues.

(2) Les cypris et les limnadies sont aussi de petits crustacés d'eau douce.

(3) Les huîtres, les peignes, les moules, en un mot tous les mollusques dont la coquille est formée de deux pièces réunies par une charnière appartiennent à ce groupe, dont il sera question plus loin.

bonde, s'attache pour le reste de sa vie. Elle se
ploie en deux ; la bouche est comme ramenée vers
le milieu du corps ; les pieds, désormais inutiles
comme nageoires, se transforment en cirrhes re-
courbés et élégamment ciliés. Ce sont eux qui, mus
par des muscles puissants, sont désormais chargés
de pourvoir à la nourriture de notre cénobite.
Placés au-dessus de la tête, ils sortent entre les
valves entr'ouvertes, se déploient en formant de chaque côté une sorte de double panache, et, se re-
pliant brusquement, ils amènent à portée de la
bouche la proie que la balane ne peut plus pour-
suivre.

La métamorphose chez les balanes ne modifie pas
seulement les formes et les organes. Elle produit
dans les fonctions des changements non moins remarquables. C'est seulement quand il s'est ainsi
emprisonné et déformé, quand il ne peut plus ni
voir ni changer de place, que notre cirrhipède
acquiert les organes reproducteurs. Voilà donc un
animal qui, à l'état de larve et de nymphe, était,
sous le rapport des caractères les plus essentiels de
l'animalité, supérieur à ce qu'il est, parvenu à l'état
adulte ; seulement il ne pouvait encore être ni père
ni mère. Les progrès du développement l'ont ra-
baissé dans l'échelle des êtres; mais en même temps
que ces progrès semblent subordonner toutes les
fonctions à une seule, à la nutrition de l'individu,
ils amènent l'apparition de l'appareil qui assure la
conservation de l'espèce.

Sacrifier tout le reste à la reproduction, tels sont en effet dans bien des cas la cause et le résultat du développement récurrent. Ce but final apparaît, bien plus nettement encore que chez les cirrhipèdes, dans d'autres crustacés inférieurs, et surtout dans les siphonostomes ou lernées appelés par les pêcheurs *poux de poissons*. Ici la déformation dépasse tout ce qu'il eût été possible de prévoir.

Au sortir de l'œuf, le jeune lernée est un véritable crustacé. Lui aussi ressemble d'abord à une larve de cyclope: il a des yeux, il nage en toute liberté à l'aide de deux pieds terminés par un large bouquet de soies. Pendant la seconde période de sa vie, il possède en avant trois paires de pieds terminés par des ongles crochus propres également à faciliter sa marche et à lui permettre de se cramponner sur la peau glissante, sur les ouïes des poissons. Il a acquis en outre quatre pattes natatoires placées en arrière, et une queue ou abdomen comparable à celui des autres crustacés. — Jusqu'ici donc la métamorphose a tendu à compléter de plus en plus l'organisme; elle va maintenant démolir son propre ouvrage.

Prête à devenir adulte, la femelle grossit énormément; deux de ses appendices antérieurs très-développés, courbés en demi-cercle et réunis à leur extrémité, qui se termine en bouton, s'enfoncent dans les tissus de l'animal qu'elle exploite en parasite et la rivent sur place; deux autres, réduits à de simples crochets, fixent la bouche changée en un véritable suçoir; tous les autres appendices disparaissent; le corps se gonfle, se déforme, et n'est bientôt plus qu'une gaîne irrégulière renfermant des œufs et un estomac. En même temps le mâle, un peu moins contrefait, mais resté deux ou trois cents fois plus petit que sa femelle, s'est cramponné sur cette dernière, et semble vivre à ses dépens, comme elle-même vit aux dépens du poisson. Chez l'un et chez l'autre, les organes des sens ont disparu avec ceux du mouvement; et, ramenés à une vie purement végétative, tous deux, bien probablement sans même s'en douter, ne sont plus que des machines à reproduction.

Quittons maintenant les animaux *articulés* et passons aux *annelés proprement dits*, ou *vers*, qui se rattachent à eux à titre de sous-embranchement. Les uns sont franchement ovipares, d'autres présentent à un haut degré les phénomènes de généagenèse que nous examinerons à part. A vrai dire, la classe seule des annélides présente des phénomènes de l'ordre de ceux dont il s'agit ici. Dans un livre auquel j'ai déjà renvoyé le lecteur trop souvent peut-être (1), j'ai décrit avec détail les métamorphoses des térébelles d'après les travaux de M. Edwards, celles des hermelles d'après mes propres recherches. Je me bornerai donc à rappeler que chez elles l'organisme subit également des changements profonds, en harmonie avec des genres de vie divers. D'abord animaux voyageurs, ces espèces

____

(1) *Souvenirs d'un naturaliste.*

deviennent plus tard sédentaires, et s'enferment dans des tubes d'où elles ne sauraient sortir. A certains égards, il y a là aussi un retour en arrière, car les facultés de locomotion sont un des attributs les plus caractéristiques de l'animal, et ne sauraient s'amoindrir sans qu'il en résulte une certaine déchéance. Cependant, si à ce point de vue hermelles et térébelles se dégradent par le fait du développement, elles se perfectionnent sous d'autres rapports, et en somme elles gagnent au change. La métamorphose se montre ici sous un jour tout nouveau, tendant d'un côté à abaisser, de l'autre à élever l'individu dans l'échelle des êtres. Nous rencontrerons désormais de nombreux exemples de cette double action ; nous verrons par conséquent l'animal à l'état parfait, placé tantôt au-dessus, tantôt au-dessous de son état de larve, suivant que l'avantage restera à l'une ou à l'autre de ces deux tendances contraires.

CHAPITRE XI

Métamorphoses des mollusques gastéropodes et acéphales.

La découverte des métamorphoses chez les mollusques est toute moderne, et cette branche de la science nous réserve sans doute encore bien des découvertes. C'est en 1832 que le célèbre anatomiste allemand Carus décrivit pour la première fois les larves de l'anodonte, espèce de moule d'eau douce fort commune dans presque tous les étangs et les canaux de l'Europe (1). Comme il arrive toujours en pareil cas, ce fait, très-inattendu, fut d'abord nié. Ces larves furent déclarées n'être que de simples parasites extraordinairement multipliés dans les branchies des mollusques ; on leur donna même un nom, et la haute autorité de Rathke et de Jacobson, les contradicteurs de Carus, fit généralement accepter cette interprétation erronée.

A cette époque, fort modeste débutant dans la carrière médicale et n'ayant que trop de loisirs, je faisais de l'histoire naturelle tout en attendant les

(1) Le mémoire de Carus parut dans les *Nova Acta naturæ curiosorum.*

clients. Sans rien connaître des problèmes soulevés par les travaux de mes célèbres confrères, je tombai sur le même sujet. Pendant cinq mois, je suivis jour par jour l'œuf des anodontes, depuis le moment de la ponte jusqu'à ce qu'un accident vînt détruire toutes mes couvées ; mais j'en avais assez vu, et je crois pouvoir dire que, depuis la publication de mon travail et du rapport que voulut bien lui consacrer M. de Blainville, la métamorphose des mollusques acéphales a été mise hors de discussion (1). D'autres recherches ont eu lieu plus tard. De l'ensemble de ces travaux on peut conclure, pour l'embranchement tout entier aussi bien que pour chacune des classes qui le divisent, que la métamorphose se montre partout ici ce que nous l'avons vue ailleurs, et qu'elle est tantôt complète et tantôt incomplète ou nulle.

De tous les groupes secondaires dont la réunion forme l'embranchement des mollusques, le plus complétement étudié sous le rapport du développement est la classe des gastéropodes, composée d'animaux tous plus ou moins voisins de l'escargot et de la limace. Ces deux espèces aériennes sont simplement ovipares, et il paraît en être à peu près de même de toutes celles qui habitent nos eaux

(1) Ce rapport fut lu à l'Académie des sciences en 1835, au nom d'une commission composée de MM. Geoffroy Saint-Hilaire, F. Cuvier et de Blainville. Peut-être le lecteur trouvera-t-il que j'insiste outre mesure sur des détails tout personnels, mais il comprendra et excusera, j'espère, le sentiment qui me fait rappeler avec complaisance la date de mon premier *parchemin scientifique*.

douces (1). Les espèces marines au contraire nous présentent de véritables métamorphoses.

Voyons par exemple ce qui se passe chez un de ces mollusques phlébentérés qui m'ont valu tant de vives attaques (2).—A l'état adulte, ces animaux n'ont point de coquille ; leur tête est armée de quatre longues cornes charnues ou tentacules, à la base desquelles se trouve une paire d'yeux ; leur dos est chargé de petites baguettes longtemps regardées comme de simples branchies. Ils rampent au fond de l'eau à l'aide d'un plan charnu qu'on appelle le pied. Les couleurs souvent les plus vives décorent ces jolis petits êtres, qu'on dirait faits d'émail et de cristal. Voilà pour l'extérieur. — A l'intérieur, on trouve, entre autres, un large estomac d'où partent d'un côté un intestin des plus courts, et d'autre part des troncs plus ou moins nombreux, qui se ramifient et envoient des prolongements jusqu'au fond des appendices dorsaux. Le foie, ordinairement si volumineux chez les mollusques, est ici réparti en couches minces seulement sur les derniers cœcums de ces ramifications gastro-vasculaires.

(1) Il faut pourtant excepter la néritine fluviatile dont les larves rappellent beaucoup celles de certains gastéropodes marins, d'après les détails et les planches du beau travail de M. Ed. Claparède (*Anatomie und Entwickelungsgeschichte der fluviatiles Neretina*, Archives de Müller, 1857).

(2) Lorsque j'ai publié mes recherches sur les mollusques phlébentérés et annoncé surtout qu'il n'existait pas de *veines* chez ces animaux, j'ai eu pour adversaires à peu près tous les naturalistes qui s'étaient occupés de mollusques. Je crois pouvoir dire que c'est aujourd'hui l'inverse.

Voyons ce que sont à l'origine ces mollusques si exceptionnels. — Au sortir de l'œuf, les larves ont une coquille, et leur pied, encore rudimentaire, est garni en dessous d'une plaque cornée que l'animal abaisse ou élève comme une sorte de pont-levis pour ouvrir ou fermer son habitation. Ainsi inhabiles à ramper, elles portent pour organe de mouvement une espèce de large collerette double, étendue au-dessus de la bouche ; de longs cils vibratiles bordent ce voile, et en font un puissant appareil de natation, que l'animal développe ou replie à son gré en se retirant dans sa coquille. Le corps, pelotonné dans cette dernière et fixé par des muscles robustes, renferme un appareil digestif et un foie très-semblables à ceux des mollusques ordinaires. Mais au bout de quelque temps, les muscles adhérents à la coquille se détachent, l'animal quitte la demeure qui l'abritait depuis sa naissance ; le corps s'allonge ; le pied, dépouillé de l'opercule désormais inutile, commence à remplir ses fonctions, et par contre l'appareil rotatoire s'atrophie ; l'estomac se prolonge en arrière en un cul-de-sac qui gagne peu à peu du terrain et se ramifie progressivement ; une paire d'appendices se montre sur le dos, d'autres lui succèdent, et la larve, d'abord semblable à celle de beaucoup d'autres mollusques ordinaires, devient peu à peu un *phlébentéré*.

L'embryogénie des gastéropodes a été l'objet de travaux fort nombreux, et, dans la liste des auteurs qui ont contribué à éclaircir cette partie du sujet qui nous occupe, on trouve les noms de quelques-uns de nos contemporains les plus éminents (1) ; il n'en est pas de même de la classe des acéphales, comprenant tous les mollusques à coquille bivalve. Depuis les recherches que j'ai déjà mentionnées, je ne connais guère de publiés sur ce sujet que le grand travail de Lœven, et quelques mémoires sur le développement des huîtres (2), celui que j'ai consacré à l'embryogénie du taret, et les belles recherches de M. Lacaze du Thiers sur celle du dentale (3).

(1) Les premières recherches sur le développement des gastéropodes datent de 1815, et sont dues à un naturaliste allemand, M. Stiebel. Parmi les naturalistes qui, à diverses époques, se sont occupés de la même question, je citerai MM. Allmann, W. B. Carpenter, Carus, Danielsen, Dumortier, Frey, Grant, Jacquemin, Koren, Klark, Lacaze du Thiers, Laurent, Leydig, F. Müller, Lœven, Nordmann, Pouchet, Prévost, Rathke, Reid, Saars, de Siebold, van Beneden, Vogt, Wandisman, etc. Les premiers travaux de ces naturalistes ayant porté sur les espèces aériennes ou d'eau douce, il en résulta que la découverte des métamorphoses dans cette classe fut fort retardée. Le naturaliste anglais Grant, dès 1827, reconnut l'existence et les usages des appareils rotatoires ; mais ce n'est qu'en 1837 que M. Saars, pasteur à Berghem, fit connaître le fait capital de l'existence d'une coquille dans les embryons des mollusques nus.

(2) Le mémoire de M. Davaine, intitulé *Recherches sur la reproduction des huîtres*, a remporté, en 1855, le prix de physiologie expérimentale décerné par l'Académie des sciences. Quelques-uns des résultats de ce premier travail ont été rectifiés depuis par M. Lacaze du Thiers.

(3) M. Lacaze du Thiers a publié sur ce mollusque, si singulier à tant de titres, une monographie qui est incontestablement le travail le plus complet dont un mollusque ait été l'objet (*Histoire de l'organisation, du développement, des mœurs et des rapports zoologiques du Dentale*). Je regrette de ne pouvoir faire connaître ici avec détails la partie de cette histoire qui se rattache au sujet

Jusqu'à ce jour, c'est chez ce dernier que les métamorphoses sont le plus compliquées; elles sont sensiblement plus simples chez les huîtres, plus encore chez les anodontes, et nulles enfin chez quelques autres petits mollusques d'eau douce qui habitent nos étangs et nos lacs. Tous les mollusques marins de ce groupe semblent se montrer d'abord sous la forme d'une larve ciliée, nue dans les premiers temps, qui se revêt un peu plus tard d'une coquille bivalve et acquiert un appareil rotatoire analogue à celui des gastéropodes. Cet appareil rentre dans la coquille ou en sort au gré de l'animal, qui est en outre muni d'un pied souvent très-long et très-mobile, et qui peut ainsi ramper sur un plan solide aussi bien qu'il nage en pleine eau, lui qui, plus tard, sera souvent soudé au rocher, comme l'huître, ou immobile au fond du trou qu'il se sera creusé, comme le taret.

Aucun de ces organes locomoteurs n'existe chez la petite anodonte. En revanche, celle-ci possède un appareil très-singulier qui lui sert à clore solidement sa coquille pour en interdire l'entrée aux infusoires parasites. Chaque valve, alors de forme triangulaire, porte à son sommet une longue pièce

de cet écrit; mais, précisément en raison des faits exceptionnels qu'elle présente, elle s'écarterait du cadre que je me suis tracé. Je me borne à rappeler que, à certaine époque de son existence, la larve du dentale ressemble *à s'y méprendre* à celle d'une annélide, et que la coquille, bien que symétrique au début, reste toujours univalve.

flexible et surmontée de fortes dents disposées en quinconce. Des muscles particuliers ramènent ces deux pièces en dedans, à peu près comme la lame d'un couteau qui se rabat sur son manche, et les dents, engrenées les unes dans les autres, maintiennent l'habitation du petit mollusque fermée comme avec un double cric.

Tarets, huîtres et anodontes, logés, au sortir de l'œuf, entre les branchies ou les replis du manteau de leur mère, attendent, ainsi abrités, l'instant de la métamorphose. Ils perdent alors leurs appareils transitoires, et, revêtant les caractères définitifs de l'espèce, tantôt s'élèvent de quelques crans dans l'échelle zoologique, tantôt descendent à un degré inférieur à celui qu'ils avaient atteint. Le premier cas est celui des anodontes, lesquelles acquièrent le pied qui leur manquait et peuvent au moins ramper dans la vase ; le second est celui des huîtres, et bien plus encore des tarets. Ceux-ci, à l'état de larve, étaient les plus complets de ces trois mollusques. Parvenus à l'état adulte, ils sont de beaucoup les plus dégradés.

Ainsi, sans sortir de cette classe des acéphales, nous voyons la métamorphose se montrer presque à tous les degrés, et déterminer tantôt un développement ascensionnel qui rappelle ce qui se passe chez les insectes, tantôt un développement récurrent analogue à celui que nous ont montré les cirrhipèdes et les lernées.

CHAPITRE XII

Nature, causes et procédés de la métamorphose. — Conclusion.

L'idée générale qu'on s'est formée de la méta-morphose a nécessairement varié avec les doctrines philosophiques dominantes. Quelques-uns des faits que nous avons indiqués furent invoqués à l'appui de la croyance aux générations spontanées, et nous reviendrons plus tard sur cette question. Lorsque, par une réaction facile à comprendre, la doctrine de l'évolutionse fut produite et régna presque, sans partage, grâce à la supériorité des hommes qui la défendaient, ces mêmes faits et grand nombre d'autres servirent à l'étayer.

Pour Réaumur, par exemple, il n'existe aucune véritable production; il n'y a que des développe-ments. Une plante, un animal, qui nous semblent nouvellement formés, existaient depuis l'origine des choses; ils apparaissent dès que les circonstances leur permettent de s'étendre et de croître jusqu'à la portée de nos sens. Ce qui est vrai de l'être entier l'est aussi de toutes ses parties; par conséquent, les métamorphoses d'un insecte ne sont qu'apparentes.

D'après cette doctrine, le papillon qui voltige existe depuis la création du monde avec toutes ses parlies, ailes, trompes, pattes, poils et écailles. La chrysalide, la chenille elle-même, le renfermaient déjà, et n'étaient, comme l'avait dit Harvey, que de véritables œufs emboîtés l'un dans l'autre : œufs fort étranges, il est vrai, qui ont des membres, une bouche, un appareil digestif destinés à transporter, à défendre, à nourrir le véritable animal; œufs qui mâchent, broient et digèrent les aliments comme la mère prépare ceux qui parviennent au fœtus. Ainsi protégé et nourri par la machine animale qui l'enveloppe, le papillon n'a pas d'enfance extérieure; au moment venu, il rejette ce *vêtement organisé* qui ne lui est plus nécessaire, qui même lui est devenu incommode, et, débarrassé de tout déguisement, il se montre tel qu'il a toujours été en réalité, mais seulement plus grand (1). — On voit à quelles inextricables difficultés la doctrine de l'évolution conduisait ses partisans, quelque ferme et droite que fût leur intelligence.

Au milieu des erreurs où l'entraînaient des idées préconçues, Réaumur avait néanmoins démêlé et presque bien apprécié un fait d'une haute importance. Pour lui, un papillon, sous sa forme de chenille, est un *enfant ;* c'est *embryon* qu'il fallait dire.

Pour arriver à l'âge adulte, l'enfant n'a plus qu'à croître et à se développer; pour devenir papillon,

______

(1) *Mémoires pour servir à l'histoire des insectes.* Ces idées sont surtout très-nettement formulées dans le huitième mémoire du tome Ier; je n'ai pour ainsi dire fait que transcrire les propres expressions de l'auteur.

la chenille a autre chose à faire. Dans les métamorphoses qui conduisent à l'état parfait, tout rappelle
ces phénomènes embryogéniques dont il a été question dans nos premiers chapitres. On les constate
pendant toute la durée de l'état de larve, car la
chenille possède alors plusieurs de ces organes temporaires dont la seule existence trahit un organisme
en voie de formation; on les voit redoubler d'activité aux approches de la première métamorphose et
dans les premiers temps qui la suivent. Pour les insectes en général, pour les papillons en particulier,
c'est là un vrai moment de crise d'où l'organisme ne
sort que refondu pour ainsi dire, et construit sur un
plan non pas opposé, mais très-différent de celui
qui précède. Insister ici sur ce fait serait bien inutile; nous renvoyons le lecteur aux premières pages
de cette étude et, mieux encore, aux planches de
Hérold et de Newport. En embrassant d'un coup
d'œil les changements subis même par les centres
nerveux, en voyant presque d'une heure à l'autre les
ganglions se fondre ou se développer, ils ne pourront que se reporter par la pensée aux temps les
plus tumultueux de la transformation des embryons
de mammifère.

Tant qu'il est à l'état de larve, l'insecte, quel qu'il
soit, ne fait guère que croître comme l'enfant, auquel Réaumur le compare; mais, à ce point de vue
même, il présente un caractère éminemment embryogénique, savoir : *la rapidité de cet accroissement.*

C'est là en effet une loi commune à tous les vivipares, que l'augmentation de volume et de poids, d'abord extrêmement rapide, se ralentisse progressivement à mesure que l'organisme se rapproche du type qu'il doit atteindre. L'embryon humain, déjà bien distinct vers la troisième semaine, est long de 6,75 millimètres et pèse environ 12 centigrammes. En moins de trois semaines, il double de longueur et pèse sept ou huit fois plus. Vers la huitième semaine, c'est-à-dire trente-cinq jours environ après l'époque que nous avons prise pour point de départ, il est déjà long de 33 millimètres et pèse 216 centigrammes. Vers le quatrième mois, lorsqu'il est près de mériter le nom de fœtus, sa longueur est de 20 centimètres, son poids de 224 grammes. En quatre mois, il est devenu trente fois plus long et dix-huit cents fois plus pesant. A partir de ce moment, il croît encore d'environ 1 pouce ou près de 3 centimètres tous les quinze jours. Au moment de la naissance, il a atteint un peu plus de 1/2 mètre et pèse environ 3 1/2 kilogrammes (1). En moins de neuf mois, l'embryon humain est devenu soixante-dix fois plus long et vingt-neuf mille fois plus pesant en nombres ronds.

Eh bien ! le développement des insectes nous présente des faits entièrement analogues. En vingt-quatre heures, d'après Rédi, une larve de la mouche

______

(1) Pour ces dimensions de l'embryon humain à divers âges, j'ai suivi les chiffres donnés par le docteur Ollivier et par Chaussier, qui avait établi les siens sur une moyenne obtenue par l'examen de quinze mille sujets. (*Dictionnaire de médecine.*)

des viandes (*musca carnaria*) devient de cent quarante à deux cents fois plus pesante (1). Lionnet, en s'appuyant en partie sur l'expérience directe, en partie sur le calcul, a montré que la chenille du saule dont nous avons déjà parlé (*cossus ligniperda*), prête à se changer en chrysalide, pèse au moins soixante-douze mille fois plus qu'au sortir de l'œuf.

En arrivant à l'état parfait, c'est-à-dire en devenant adultes, les insectes en général non-seulement ne croissent plus, mais encore présentent des dimensions évidemment bien plus petites que celles de la larve. Cette diminution de taille est par exemple très-frappante chez les stratiomes, dont nous avons esquissé l'histoire ; mais les insectes ne sont ici qu'une exception. Presque toujours les animaux à métamorphoses, après leur dernier changement, font comme l'homme après sa naissance : ils continuent à grandir. Plusieurs d'entre eux, comparables en cela à certains vertébrés ovipares, s'accroissent même pendant toute leur vie, et dès lors il n'est pas surprenant que les différences de volume et de poids entre le jeune et le vieil animal soient bien plus fortes chez eux que chez les vivipares. En vingt ans, l'homme quadruple rarement la taille de l'enfant qui vient de naître ; en moyenne, il pèse à peine trente fois plus. La larve du taret qui va changer de forme est au moins trois ou quatre mille fois plus volumineuse que celle qui sort

(1) *Introduction à l'Entomologie*, par Th. Lacordaire.

de l'œuf, mais elle l'est plusieurs millions de fois moins que sa mère (1).

Un autre fait plus décisif peut-être vient encore confirmer la nature embryonnaire des larves. Nous avons vu dans la première partie de ce travail que toute monstruosité était nécessairement congéniale, et remontait à l'époque où l'organisme est en train de se constituer. Or, on a constaté plusieurs fois l'existence de véritables monstruosités chez les insectes adultes. Les exemples d'hermaphrodisme ne sont pas très-rares dans les collections. Si dans la majorité des cas les amateurs ont conservé précieusement ces curieux échantillons au lieu de les livrer au scalpel des anatomistes, il s'est parfois rencontré des hommes animés d'un esprit plus réellement scientifique. C'est ainsi que Rudolphi a pu disséquer un individu qui portait extérieurement la livrée des deux sexes, et constater qu'il était également monstrueux à l'intérieur, retrouvant ainsi chez un papillon nocturne une des anomalies les plus rarement constatées chez les vertébrés.

(1) Ce fait d'une croissance indéfinie et qui dure autant que la vie ne se rencontre dans les divers groupes principaux que chez les espèces inférieures. Ainsi, parmi les vertébrés, certains reptiles et poissons présentent seuls cette particularité. Chez eux, l'accroissement se ralentit même considérablement, quand la durée de la vie est très-longue, comme on a pu l'observer bien des fois chez les carpes. J'ai eu l'occasion de voir un de ces poissons qui s'était, disait-on, transmis depuis plus de cent ans dans une famille de pêcheurs. Il était à peine plus long qu'une belle carpe ordinaire, mais seulement beaucoup plus épais.

Chez les insectes comme chez ces derniers, on a d'ailleurs rencontré des individus dont les membres étaient multipliés outre mesure. Plusieurs observateurs ont décrit chez des coléoptères des pattes doubles ou triples, comme Meckel en avait vu chez un canard, et M. Geoffroy chez un mouton.

A la rigueur on pourrait se demander si les monstruosités précédentes appartiennent bien réellement à cette période de la vie dont il s'agit en ce moment de déterminer la nature. Rien ne s'opposerait en effet à ce qu'on les fît remonter jusqu'au temps du développement dans l'œuf; mais il n'en est pas de même des suivantes. Les antennes n'existent pas chez la larve, et on a vu des coléoptères à antennes multiples. Stannius a décrit une abeille neutre dont les yeux composés, réalisant comme ceux de certains fœtus humains la fable du cyclope, s'étaient soudés en une seule masse sur la ligne médiane et étaient en outre remontés jusque vers le sommet de la tête. Dans ces deux cas, on peut préciser le moment où le travail de l'organisation normale a été troublé. C'est vers l'époque de la dernière mue, alors que la larve se préparait à devenir nymphe, que la cause perturbatrice a agi.

C'est encore à cette période du développement que doivent être rattachés des monstres dont la bizarre structure résout d'une manière plus absolue encore la question qui nous occupe. Nous voulons parler de ces insectes qui, à l'état parfait, présentent quelques-uns des caractères de la larve. Tels sont les bombyx du mûrier (*bombyx mori*) mentionnés par Majoli, dont le thorax et l'abdomen ressemblaient à ceux d'un ver à soie, et surtout cette noctuelle minutieusement décrite par O.-F. Müller, dont le corps tout entier était d'un papillon, mais qui avait conservé sa tête de chenille. Ici il est bien évident que l'arrêt de développement, cause immédiate de la monstruosité, s'est prononcé au moment même où l'animal passait de l'état de larve à un état supérieur (1).

Ainsi, pour nous, la larve, la nymphe et l'animal parfait ne sont qu'un même être, au même titre que l'embryon, le fœtus et le jeune des mammifères. Pour Réaumur, la larve et l'insecte sont deux êtres distincts, dont le premier renferme et nourrit le second à peu près comme la mère porte son fruit. A l'appui de sa théorie, l'illustre observateur invoquait le résultat des dissections de Swammerdam et les siennes propres. « Ouvrez, disait-il, la peau d'une chenille deux ou trois jours avant sa transformation en chrysalide, et vous distinguerez les antennes, les ailes, la trompe du papillon; coupez à cette même chenille une de ses pattes écailleuses, et le papillon sera mutilé. »

Ces faits sont vrais, nous l'avons déjà dit ; mais là où Réaumur voyait des témoignages en faveur de l'évolution, nous trouvons, nous, la preuve de ce dé-

______

(1) Ces différents exemples de monstruosités existant chez les insectes sont empruntés soit à l'*Histoire des anomalies de l'organisation*, par Isidore Geoffroy Saint-Hilaire, soit à l'*Introduction à l'Entomologie*, par M. Lacordaire.

veloppement par épigenèse que nous avons rencontré partout chez les mammifères. Réaumur, obligé de reconnaître que, dans les chenilles moins avancées, on ne voit rien qui rappelle les organes caractéristiques du papillon, s'en prenait à la faiblesse de ses sens, à l'impuissance de ses instruments. Grâce aux moyens d'observation perfectionnés dont nous disposons aujourd'hui, nous pouvons affirmer que dans la jeune chenille il n'existe ni ailes, ni antennes, ni trompe. Mais en même temps les observations de nos devanciers nous apprennent que ces organes n'apparaissent pas tout à coup, que les changements les plus brusques sont préparés de longue main, et que, chez les insectes comme chez tous les autres animaux à métamorphoses dont nous avons parlé, ce phénomène est graduel et progressif. Seulement, ce qui se passe au grand jour chez les mollusques et les vers, comme chez les batraciens et les crustacés, se fait chez les insectes derrière un voile qui se déchire et tombe quand tout est terminé. Encore, dans cette dernière classe, les hémiptères, les orthoptères nous montrent-ils dans leurs métamorphoses cette continuité manifeste que nous trouvons partout ailleurs.

Les phénomènes qui se rattachent immédiatement à la nature intime des êtres sont placés trop au delà du savoir humain pour que nous hasardions même une hypothèse sur la cause première des métamorphoses; mais, sans sortir des bornes d'une juste réserve, nous pouvons au moins, dans certains cas, soupçonner quelle en est la cause immédiate.

Dès le début de ce travail, nous avons comparé le vitellus volumineux des ovipares proprement dits au très-petit vitellus des vivipares ; nous avons vu comment le premier suffit à la formation, puis à l'accroissement de l'embryon, comment le second ne peut satisfaire qu'à l'un de ces actes. Par suite, avons-nous dit, l'oiseau et le lézard peuvent acquérir dans l'œuf isolé leur organisation complète ; les mammifères au contraire sont obligés, pour arriver au même degré de développement, de séjourner dans le sein de leur mère, qui les nourrit par l'intermédiaire de véritables organes temporaires. — Or, que, pour une raison qui nous échappera sans doute toujours, un œuf à petit vitellus soit destiné à être expulsé, la nécessité d'un mode d'existence intermédiaire entre l'état premier de l'embryon à peine formé et l'état définitif de l'animal n'en existera pas moins, et il s'agira d'y pourvoir.

C'est là un de ces problèmes que la nature semble à chaque instant se poser pour le plaisir de les résoudre, et la solution de celui-ci se trouve dans la métamorphose. Toujours, même chez les espèces à développement récurrent, l'embryon qui sort de l'œuf présente une organisation relativement plus simple ; par suite, ses besoins sont moins nombreux, et il peut y suffire. Peu à peu il se complète, et sa sphère d'activité s'étend ; il réalise enfin son type spécifique, quand il a reçu du monde extérieur des matériaux suffisants.

La larve n'est donc qu'un embryon à vie indépendante, qui se nourrit lui-même au lieu d'être alimenté par sa mère, et qui subit au dehors, sous nos yeux, des changements, des *transformations* analogues à celles qui, chez les vivipares, s'accomplissent dans les profondeurs de l'organisme maternel (1).

En assignant pour cause prochaine au phénomène que nous étudions l'insuffisance des matériaux organisables du vitellus, nous pouvons expliquer, ou, si l'on veut, coordonner bien des faits que l'on ne saurait sans cela rattacher à aucun ensemble. Plus cette insuffisance sera grande, plus l'embryon formé aux dépens du vitellus devra montrer d'imperfection, plus il sera en arrière du type et aura d'étapes à fournir pour s'en rapprocher et l'atteindre. L'observation justifie cette conclusion. Comparés aux œufs de certains mollusques, les œufs d'insectes sont énormes. L'œuf du *cossus ligniperda* est environ trente mille fois plus volumineux que l'œuf du taret. Aussi la petite chenille qui en sort est-elle déjà un animal fort compliqué, en d'autres termes un embryon fort avancé. Le taret au contraire est d'abord aussi sim-

(1) Je reproduis ici textuellement les termes de l'article qui peut être regardé comme la première édition de ce chapitre (1855). M. Claparède, résumant les considérations développées par Leuckart, a exprimé à peu près la même idée. Voici ses expressions : « En quoi consiste la métamorphose?... C'est le passage d'un animal délivré des enveloppes de l'œuf par des phases qui, chez d'autres, ont lieu dans l'œuf même et ont pour but de l'amener au type de son ou de ses parents. »

ple que possible. Son corps n'est pour ainsi dire qu'une pulpe homogène où se distingue vaguement un tube digestif. La première aura sans doute à fabriquer quelques organes, mais surtout à agrandir et à modifier ceux dont elle est déjà en possession ; le second doit tout acquérir.

Nous venons d'indiquer la nature et au moins une des principales causes de la métamorphose et de ses modifications (1). Est-il besoin d'insister sur les procédés ? Qui ne voit que ces phénomènes, si étranges au premier abord, ne sont tous que des *transformations*, identiques au point de vue général avec celles des vivipares et s'accomplissant par un

(1) Dès 1855, je faisais ici des réserves et disais : « Je n'entends pas poser ici une règle absolue, ni rattacher le plus ou moins de complication des métamorphoses uniquement au plus ou moins de volume du vitellus. J'ai seulement voulu indiquer une cause dont je ne crois pas qu'on ait encore suffisamment tenu compte, mais à laquelle viennent sans doute s'en ajouter bien d'autres. Le temps de l'incubation, par exemple, doit encore être regardé comme un élément important de la question et exercer une influence réelle. L'œuf des hermelles et des tarets se transforme en douze heures, de toutes pièces, en un animal évidemment doué de spontanéité. Là est sans doute aussi une des principales causes de l'extrême simplicité de la larve. » — J'ai su depuis, par le travail de M. Claparède, que Leuckart avait, avant moi, trouvé dans l'insuffisance des éléments plastiques du vitellus la cause des métamorphoses. Je suis heureux de me rencontrer sur ce point avec le savant à qui on a dû, depuis cette époque, tant et de si beaux travaux. Mais je ne puis, comme on vient de le voir, admettre avec lui que là est la seule cause de la métamorphose. Déjà M. Claparède avait aussi contesté ce que cette conclusion a de trop absolu et était même, ce me semble, allé trop loin en sens inverse. (*Bibliothèque universelle de Genève.* L. C.)

mécanisme absolument semblable ? *Épigenése* au début, puis *évolution simple ou complexe*, voilà ce que nous montre chacun des organes qui viennent s'ajouter à ceux de la larve pour constituer l'insecte, le crustacé, le reptile complet. La *formation* est évidente ; la *modification*, le *développement progressif* se passent sous nos yeux quand nous observons ces branchies intérieures et extérieures qui se succèdent et précèdent le poumon chez la grenouille, ces baguettes dorsales qui apparaissent chez le mollusque phlébentéré, ces ailes qui poussent au thorax des insectes, ces anneaux qui viennent s'ajouter chez les myriapodes aux anneaux existant déjà. Voyez disparaître peu à peu chez un têtard les branchies ou la queue, chez un taret l'appareil rotatoire, et, sans être naturaliste, vous direz : «Voilà des organes qui *s'atrophient*. » Comparez l'abdomen du jeune crabe à celui de l'animal adulte, l'appareil reproducteur d'une abeille neutre à celui d'une reine-mère, et vous trouverez de vous-même l'expression d'*arrêt de développement*. Regardez chez les lernées ces pattes d'abord chargées d'agir comme des rames, et qui, changées en une espèce d'ancre, s'enfoncent profondément et fixent l'animal à demeure, et vous admirerez comment la nature *approprie un organe déjà existant* à un usage tout nouveau. Ainsi dans la *métamorphose proprement dite* vous retrouverez en tout la *transformation*.

Pas plus ici que chez les mammifères ces phénomènes divers ne peuvent s'accomplir sans qu'il y ait au sein de l'organisme à la fois apport et départ de matière. Or, dans l'immense majorité des cas, rien de brusque n'accuse ces mouvements, et tout se passe dans l'intimité même des tissus. — Les branchies du têtard ne tombent pas pour faire place au poumon, la queue ne se détache pas quand les jambes sont prêtes. Non, à mesure que l'un pousse et végète avec ses os, ses muscles, ses nerfs, ses vaisseaux, l'autre décroît de son côté dans toutes ses parties et sur tous les points à la fois. Celui-ci est littéralement résorbé molécule à molécule, à mesure que l'autre se constitue molécule à molécule aussi.

Sans doute les insectes, les crustacés semblent se conduire autrement. A chaque mue, à chaque métamorphose, la vieille peau, la vieille carapace sont mises brusquement de côté comme des vêtements inutiles; mais c'est qu'inflexibles par la nature calcaire ou cornée de leurs tissus et à demi inorganiques, elles ne sauraient se prêter à l'accroissement. Pénétrez à l'intérieur de ces mêmes espèces, suivez, avec les Swammerdam, les Réaumur, les Hérold, les Newport, les changements bien autrement importants qui se passent dans les appareils centraux, et vous verrez reparaître le phénomène de la résorption moléculaire.

Voici un exemple frappant à ajouter à ceux que nous avons signalés. — Avant de se changer en chrysalide, la larve a pour ainsi dire emmagasiné les matériaux nécessaires à ses transformations. Un tissu graisseux des plus abondants entoure tous ses organes. Regardez-y chez l'insecte parfait, et vous en trouverez à peine quelques traces. La presque totalité a été mise en œuvre et employée dans le remaniement général des organes ; et, comme la matière ne saurait subir l'action de la vie sans s'user pour ainsi dire et se renouveler, vous trouverez l'intestin, vide au début de la métamorphose, rempli, quand la crise est passée, d'une matière excrémentitielle qui se forme seulement alors (1).

On le voit, l'étude de la *métamorphose* autant que celle de la *transformation* nous ramène comme de force à notre point de départ. On ne peut pas plus comprendre l'une que l'autre sans admettre l'existence d'une force inhérente aux organismes vivants, partout présente et partout active, maîtrisant les matériaux empruntés au dehors, les disposant d'après un plan tracé d'avance, les rejetant quand ils sont hors d'usage. Comme cause première, comme procédé général de tous les phénomènes dont nous avons esquissé le tableau, nous retrouvons donc la *vie* et le *tourbillon vital*.

(1) Chez certains papillons, cette matière est colorée en rouge. L'insecte s'en débarrasse au sortir du cocon, et les taches qu'elle forme sur les murs, les pierres ou les branches sont quelquefois assez nombreuses pour avoir fait croire à des pluies de sang.

CHAPITRE XIII

Généagenèse. — Premiers phénomènes de généagenèse découverts chez les animaux.—Génération agame (1) (pucerons). — Reproduction par boutures et par bourgeons (polypes, hydres, ascidies composées).

Dans les deux premières parties de ce travail, on a vu que tous les animaux et l'homme lui-même proviennent de germes toujours semblables au début et qui sont autant de véritables œufs. J'ai indiqué comment, sous l'influence du *mouvement* vital, cette similitude primordiale disparaît et fait place à une variété infinie. J'ai constaté en même temps que pas une espèce ne revêt d'emblée ses caractères définitifs, que jamais l'embryon n'est la miniature de l'adulte. De là le lecteur a pu conclure avec moi que tout animal subit des *métamorphoses*. Cependant ce phénomène, toujours le même au fond, revêt des apparences diverses. Chez l'homme, chez presque tous les vertébrés, les *transformations* s'accomplissent principalement dans l'œuf, et par cela même ne sont guère connues que des savants de profession. Chez

---

(1) On appelle génération *agame* celle qui a lieu sans le concours des sexes.

les insectes au contraire, les *métamorphoses proprement dites*, s'effectuant hors de l'œuf, modifiant
parfois du tout au tout un animal au point de faire
en quelque sorte un oiseau d'un poisson, ont depuis
longtemps frappé même le vulgaire.

Malgré les énormes différences que présentent, au
point de vue du développement, l'histoire de l'homme
et celle du papillon, on constate pourtant entre elles
quelques grands traits communs. Chez l'un et chez
l'autre, on trouve tout d'abord un père et une mère ;
des fils qui proviennent directement de ce couple,
et qui, pour atteindre à l'état parfait, devront passer
par des phases identiques à celles que traversèrent
leurs parents. Chez le vertébré comme chez l'annelé,
nous voyons d'ailleurs les fils et les filles ressembler
au père et à la mère, aux différences individuelles
près. Enfin, dans tous les groupes étudiés jusqu'ici,
l'individualité de chaque être se manifeste dès la
première apparition du germe, dès les premiers rudiments de l'œuf, et persiste pleine et entière jusqu'à
la mort, jusqu'à la dissolution de cet être. Tous ces
faits sont vulgaires, et, jusqu'à ces derniers temps,
ignorants et savants s'accordaient à les regarder
comme étant l'expression de règles absolues.

Il nous faut étudier maintenant des phénomènes
entièrement nouveaux et bien plus étranges. — Nous
allons rencontrer des animaux qui, à parler rigoureusement, semblent n'avoir ni père ni mère, mais
seulement *un parent* qui les forme de toutes pièces
aux dépens de sa propre substance. — Nous trouve-

rons des fils qui ne ressemblent jamais à leur père, et qui produisent des enfants pour toujours différents d'eux-mêmes. — Nous verrons surtout un germe unique engendrer, d'une manière plus ou moins directe, non plus *un seul individu*, mais des *multitudes d'individus*, et parfois *plusieurs générations*, qui n'ont entre elles aucun rapport de forme, de structure, de genre de vie. Nous verrons ainsi l'individualité primitive du germe se perdre, et faire place à une foule d'individualités nouvelles avant que les produits de ce germe soient arrivés à l'état parfait.

Nous avons donc à parcourir un monde où semblent renversées les lois les plus fondamentales du règne animal. Pourtant le lecteur sera, j'espère, conduit à reconnaître qu'il n'y a point là de contradictions réelles, et que, jusque dans ces écarts en apparence si bizarres, la création vivante conserve une admirable régularité.

Mais en abordant cette partie de ma tâche, je sens combien les difficultés vont grandir et pour mes lecteurs et pour moi. — Sans avoir suivi un cours d'anatomie, chacun sait vaguement où sont placés le cœur et les poumons, le foie et l'estomac des mammifères ; on connaît au moins l'extérieur de ces animaux. Parler de leurs *transformations*, c'est conduire tout homme éclairé vers un ordre d'idées et de faits avec lesquels il est sans doute peu familier, mais où il rencontre au moins quelques points de repère. — Arrivés aux *métamorphoses proprement dites*, les papillons nous ont fourni une sorte de type auquel nous avons pu rapporter non-seulement l'histoire des autres insectes, mais encore presque toujours celle des annelés en général, des mollusques et des batraciens. — Dans ces divers groupes, d'ailleurs, la plupart des espèces dont il s'est agi sont plus ou moins connues de tout le monde.

Maintenant, au contraire, je n'ai guère à parler que d'êtres dont les naturalistes seuls étudient les formes et l'organisation. Les noms mêmes seront nouveaux, et plusieurs paraîtront barbares. Ici je dois tout enseigner, et cela précisément alors que les phénomènes deviennent plus complexes et plus étranges. Sans le secours des figures, ce n'est rien moins que chose aisée. Je vais le tenter toutefois, en demandant qu'on me tienne compte au moins d'avoir essayé.

Rappelons d'abord les faits les plus simples, et qui furent aussi les premiers découverts.

Chez tous les animaux dont il a été question précédemment, le concours de deux individus de sexe différent est indispensable pour donner naissance à une nouvelle génération. Ce fait est même tellement général, qu'il a été de tout temps pour le vulgaire une des grandes lois de la nature. Cependant les faits exceptionnels observés jusque chez l'homme, peut-être les fables mêmes des anciens, avaient depuis longtemps préparé les naturalistes à voir certains animaux réunir les attributs du mâle et de la femelle. — L'idée de l'hermaphrodisme, acceptée facilement par eux, avait été de bonne heure reconnue vraie pour quelques-unes des espèces inférieures qui vivent dans notre voisinage immédiat, pour les vers de terre et les limaces, par exemple.

Ces découvertes, étendues plus tard par les belles recherches d'Adanson sur les mollusques (1), avaient donné un nouvel intérêt à un problème fort délicat, agité depuis longtemps. — Un animal quelconque peut-il être à la fois père et mère dans toute l'acception des mots, sans le concours d'un autre individu ?

Guidés par le raisonnement seul, bon nombre de naturalistes répondaient oui. Cependant l'observation directe d'animaux placés en apparence dans les conditions anatomiques les plus favorables contredisait chaque jour cette conclusion. On savait, à n'en pas douter, que chez le ver de terre, chez la limace, le concours de deux individus était tout aussi nécessaire que chez les mammifères et les oiseaux. Aussi Réaumur, alors l'arbitre universellement accepté en histoire naturelle, était-il près de se prononcer pour la négative, lorsqu'il fut rejeté dans le doute par quelques faits observés chez les *pucerons*.

La plupart de nos lecteurs connaissent certainement ces insectes, au moins à l'état de larve. — Ce sont les larves des pucerons qui, réunies en familles innombrables, recouvrent quelquefois des branches entières de nos arbres fruitiers, la tige de nos fleurs, de nos légumes (2). Presque toujours immo-

---

(1) *Histoire naturelle du Sénégal*, 1759.

(2) Les pucerons (*aphis*) sont des insectes appartenant à l'ordre des hémiptères, c'est-à-dire au groupe qui renferme les cigales,

biles, leur longue trompe profondément enfoncée dans l'écorce, elles semblent ne pouvoir exécuter d'autre mouvement que de relever de temps à autre leur gros abdomen arrondi et terminé par deux petits tuyaux en forme de cornes mobiles. A chaque fois, une goutte de liquide sucré s'échappe par ces orifices, et d'ordinaire il se trouve dans le voisinage quelques fourmis prêtes à happer cette *miellée*, qui, au dire de Hubert, l'habile observateur de ces insectes, serait peut-être leur seule nourriture. — Complétement développées, ces larves deviennent

les punaises, etc. Ils forment un genre très-nombreux, et dont les espèces sont loin d'être toutes connues. Ces insectes sont de véritables parasites qui vivent sur les végétaux, et dans nos climats tempérés il n'est guère de plante qui ne nourrisse son espèce particulière de pucerons, soit sur ses branches, soit sur ses feuilles, soit autour de ses racines. Ils deviennent beaucoup plus rares au midi et au nord, et on assure qu'il n'en existe aucun en Amérique. Plusieurs espèces de pucerons peuvent être comptées parmi les insectes nuisibles. Depuis longtemps, Réaumur a reconnu que leurs piqûres multipliées non-seulement épuisent les végétaux, mais encore déterminent la formation de nodosités et altèrent les tissus. Le puceron lanigère (*lachnus laniger*), qui s'attaque surtout aux pommiers, a plusieurs fois ravagé les plantations de la Normandie. Cette espèce, qui semble être une de ces acquisitions désastreuses que nous valent parfois les relations commerciales, s'est montrée, selon M. Tougard, en Angleterre dès 1787. Elle aurait pénétré en France en 1812 par les départements des Côtes-du-Nord, de la Manche et du Calvados. En 1818, elle aurait paru à Paris dans le jardin de l'école de pharmacie, et aurait envahi les départements de la Seine-Inférieure, de la Somme et de l'Aisne en 1822. Enfin elle se serait montrée en Belgique en 1827. Depuis quelques années seulement, ce redoutable petit insecte a gagné quelques-uns des départements méridionaux, sans qu'on ait encore découvert un moyen sûr de le combattre.

de jolis insectes, pourvus de quatre ailes diaphanes, presque deux fois plus longues et plus larges que le corps entier, et soutenues par quelques rares nervures. On le voit, jusqu'ici rien de bien nouveau n'apparaît dans l'histoire de ces hémiptères.

Les larves seules furent d'abord l'objet des observations de Leuwenhoek, de La Hire, de Réaumur. Ce dernier, entraîné par d'autres recherches, engagea plus tard Ch. Bonnet à les prendre pour sujet de ses expériences, et le naturaliste genevois justifia pleinement la confiance de son illustre maître.

Déjà l'on savait que les pucerons mettent au monde des petits vivants ; on soupçonnait que chez eux chaque individu suffit aux nécessités de la reproduction. Pour s'en assurer, Bonnet isola un de ces jeunes insectes dès après sa naissance, et l'éleva en captivité en prenant les précautions les plus minutieuses pour lui interdire toute relation avec d'autres individus. Ce nourrisson d'espèce nouvelle devint pour l'observateur l'objet d'une sollicitude dont il nous a laissé l'expression naïve (1). Il l'observait à la loupe du matin au soir, notant tous ses faits et gestes, suivant avec inquiétude ses moindres mouvements, tremblant aux changements mêmes qui semblaient annoncer un excès de santé, frissonnant à l'idée d'une chute qui aurait pu être fatale ; mais toutes ces anxiétés furent bien vite oubliées, lorsqu'après avoir vu son élève changer quatre fois de

____

(1) *Traité d'Insectologie*, 1745.

peau et atteindre les caractères normaux de l'espèce, Bonnet put constater qu'une séquestration
absolue n'avait nullement nui à sa fécondité. Le
onzième jour, sa *pucerone*, — car il crut devoir dès
lors lui donner ce nom, — fit un petit qui se portait à merveille, et un second suivit bientôt le premier. Il en fut de même les jours suivants. Chaque
vingt-quatre heures, la famille s'accroissait de trois,
quatre, et jusqu'à dix nouveaux membres. — Au
bout de vingt et un jours, cette mère dont la virginité ne pouvait être soupçonnée, avait donné le jour
à quatre-vingt-quinze enfants.

Cette expérience faite d'abord sur le puceron du
fusain, répétée ensuite sur un grand nombre d'espèces et par plusieurs observateurs, était décisive.
Le *lucina sine coitu* des anciens était mis hors de
doute chez les pucerons ; mais ces insectes réser-
vaient à Bonnet la découverte d'un fait bien autrement inattendu.

Stimulé par quelques mots d'un émule dont nous
aurons bientôt à parler, ce naturaliste reprit ses expériences pour voir jusqu'à quel point les facultés
reproductrices de la mère s'étendraient à ses enfants
et petits-enfants. Un puceron du sureau fut isolé
immédiatement après sa naissance, et, comme celui
du fusain, produisit bientôt des petits. Un de ces
derniers fut séquestré à son tour, et n'en donna pas
moins naissance à une troisième génération. Un
jeune individu de celle-ci, placé dans des conditions
toutes semblables, en engendra une quatrième, et

ainsi de suite. — Dès ce premier essai, Bonnet obtint cinq générations de vierges provenant les unes des autres. Plus tard, en revenant au puceron du fusain, il atteignit le nombre de dix, et ce chiffre a depuis été dépassé (1).

De toutes ces expériences, faites pendant le printemps et l'été, il semblait résulter que chez les pucerons chaque individu suffit isolément pour assurer la perpétuité de l'espèce. Mais la zoologie est peut-être de toutes les sciences celle où il faut le plus se tenir en garde contre les généralisations, et Bonnet l'éprouva bientôt.

Vers la fin de cette année si riche en curieux résultats, en poursuivant ses études sur les pucerons du chêne, il distingua nettement des mâles et des femelles ; il fut témoin d'actes parfaitement semblables à ceux qu'on observe chez le commun des insectes ; enfin il vit des mères mettre au jour non plus des petits tout formés, mais bien de véritables œufs. — Placée dans des conditions favorables, cette espèce lui offrit d'ailleurs les mêmes phénomènes

(1) On voit d'après ces résultats combien doit être rapide la multiplication des pucerons. En admettant que chaque individu donne naissance seulement à cinquante petits, ce qui est certainement au-dessous de la vérité, un seul de ces insectes commençant à produire au printemps se trouverait, au terme de la belle saison, avoir été la souche de plus de quatre millions de milliards de petits-fils, et cette lignée couvrirait un espace d'au moins quarante mille mètres carrés. Si la surface entière du globe n'est pas envahie par les pucerons, c'est que de nombreux et voraces ennemis veillent sans cesse pour les détruire.

de propagation solitaire et vivipare, déjà si souvent constatés par lui.

De nouvelles observations permirent enfin au patient observateur de mettre hors de doute l'enchaînement de ces faits en apparence si contradictoires. Il reconnut que pendant toute la belle saison, les pucerons se reproduisent isolément et mettent au monde des petits vivants ; mais que lorsque la température baisse, ces animaux, rentrant dans les conditions ordinaires, se propagent, par des œufs dont le développement exige le concours d'un père et d'une mère. Ces œufs passent l'hiver collés aux branches d'arbres où se tenait la colonie que le froid a fait périr. Quand ils éclosent au printemps, il n'en sort que des individus vivipares ; à l'automne se montrent des mâles et des femelles, et à partir de ce moment l'oviparité reparaît (1).

Les faits que nous venons de rappeler s'écartaient trop des idées reçues pour ne pas faire naître bien des hypothèses. — Si les pucerons s'étaient toujours propagés solitairement, on aurait trouvé dans l'an-

---

(1) De Geer, qu'on peut appeler le Réaumur suédois, Lyonnet, le célèbre anatomiste de la chenille du saule, et plusieurs autres observateurs, ont confirmé cette conclusion. L'un d'eux, Kyber, a mis hors de doute l'influence que la température exerce sur ces phénomènes. En plaçant dans une chambre maintenue à une température constante un pied d'œillet garni de pucerons, il vit ces insectes se reproduire constamment et uniquement par génération solitaire pendant quatre années de suite. (*Germar's Magazin der Entomologie*, 1815.) — On comprend que les singuliers phénomènes présentés par ces insectes ont dû souvent tenter les

drogynisme une explication toute prête. On aurait admis chez ces insectes l'existence d'un double appareil organique pouvant agir dans chaque individu comme il agit d'ordinaire chez deux individus de sexe différent. Mais l'alternance du mode de génération écartait cette hypothèse.

Bonnet, partisan déclaré de la doctrine des germes préexistants, trouva très-simple la reproduction solitaire et par petits entièrement formés. — Ces derniers furent pour lui des germes qui, largement nourris par la mère pendant la belle saison, pouvaient acquérir un développement complet avant de venir au monde. Les œufs ne furent autre chose que des germes qui avaient manqué de nourriture : et l'intervention du père ne lui parut avoir d'autre but que de leur fournir un supplément d'aliment nécessaire pour passer l'hiver et naître au printemps.

Réaumur, plus observateur et moins métaphysicien que son disciple, fut beaucoup plus embarrassé. Il proposa plusieurs hypothèses, sans s'arrêter sérieusement à aucune. L'une d'elles est au moins ingénieuse. Il fait de l'oviparisme et de ses conséquences une question de puberté. Il admet que chez

naturalistes, et parmi ceux qui s'en sont occupés d'une manière spéciale, nous citerons MM. Duveau (*Nouvelles recherches sur les Pucerons*, Mémoires du Muséum, 1825); Morren (*Mémoire sur l'émigration du Puceron du pêcher et sur les caractères et l'anatomie de cette espèce*, Annales des Sciences naturelles, 1836); Siebold (*Ueber die inneren Geschlechteswerkzeuge der Viviparen und Oviparen Blattlaüse*, Froriep's Neue Notizen, 1839); V. Carus (*Zur naheren Kenntniss des Generationswechsels*, 1849).....

les pucerons l'âge adulte arrive, non par suite du nombre de jours qu'ils ont vécu, mais par suite du nombre des générations qui ont précédé leur naissance. — Pas plus que les autres, cette explication ne prit réellement place dans la science, et cela devait être, car cette hypothèse ne touche même pas à la difficulté fondamentale et ne dit rien de la fécondité des vierges.

Enfin je ne sais quel auteur imagina un autre système. D'après lui, les pucerons produisent toujours des œufs aussi bien que les autres insectes; mais chez eux la fécondation, au lieu d'agir sur un génération seulement, étend son influence à plusieurs générations successives. Elle devient par conséquent inutile jusqu'au moment où la somme d'action transmise de mère à fille est totalement épuisée. Dans cette hypothèse, les œufs se forment tout fécondés et éclosent dans le sein de la mère, comme on le voit chez tous les ovovivipares (1). — Envisagés à ce point de vue, les faits découverts chez les pucerons se rapprochaient de phénomènes déjà connus tout en conservant un caractère exceptionnel, ils rentraient à demi dans la règle. Le vague même de

(1) On appelle ovovivipares les animaux qui produisent des œufs comme les ovipares, qui les gardent dans leur sein jusqu'au moment de l'éclosion et expulsent alors le jeune sans que celui-ci ait contracté avec sa mère les rapports intimes qui assurent le développement des vivipares. On trouve des exemples d'ovoviviparité chez les reptiles (vipère), les poissons (blennie), et chez plusieurs mollusques et annelés.

cette explication séduisit peut-être bon nombre d'esprits, la fit généralement accepter, et à peine a-t-elle été discutée jusqu'à ces dernières années.

A peu près en même temps que Bonnet faisait ses curieuses observations, les naturalistes découvraient d'autres phénomènes bien autrement inconciliables avec les idées qu'on regardait alors comme les fondements de la science.

Jusque vers le premier tiers du XVIIIe siècle, la nature de bien des corps était restée indécise ou avait été méconnue. — Notre grand botaniste Tournefort, se fondant principalement sur les observations qu'il avait faites dans la grotte d'Antiparos, et, comme l'a dit Fontenelle, *transformant tout en ce qu'il aimait le mieux*, avait admis la végétation des pierres. Malgré les vues remarquablement justes émises plus d'un siècle auparavant par un observateur italien nommé Imperato (1), pour la majorité des naturalistes les polypiers calcaires étaient, comme pour lui, des *pierres végétantes*. D'autres les rapprochaient des polypiers cornés, regardant les uns et les autres comme des plantes. Cette dernière opinion parut démontrée lorsque Marsigli (2) eut décrit, comme autant de fleurs, les animaux du corail et de quelques autres espèces voisines ; mais pendant que le comte italien publiait une découverte qu'il devait probablement à ses entretiens avec les

(1) *Historia naturale*, 1599.
(2) *Histoire physique de la Mer*, 1725.

pêcheurs de Marseille, un médecin de la marine française observait les mêmes faits, et en saisissait bien mieux l'importance et la vraie signification. Dans un mémoire adressé en 1727 à l'Académie des Sciences de Paris, Peyssonel déclara s'être assuré par des observations réitérées que les prétendues fleurs des coraux, des madrépores, des lithophytes, etc., étaient de véritables animaux semblables aux actinies, zoophytes connus depuis Aristote sous le nom d'*orties de mer*.

Peyssonel avait trop raison pour que sa manière de voir fût d'abord adoptée. Réaumur, imbu des idées régnantes, annonça à l'Académie cette belle découverte en la combattant et en appuyant de l'autorité de son nom les opinions de Marsigli, légèrement modifiées. Voulant même épargner à un homme qu'il estimait et qu'il croyait dans l'erreur les désagréments d'un échec trop bruyant, il ne prononça pas le nom de Peyssonel (1). Celui-ci, sûr de ses observations, certain d'être dans le vrai, en appela alors aux savants étrangers ; il adressa son travail à Londres, et le fit imprimer dans les *Transactions philosophiques* (2). Mais quelques années après, Trembley, compatriote et parent de Bonnet, redécouvrait en Hollande l'*hydre* entrevue déjà par

(1) Ce travail de Réaumur a été imprimé dans les *Mémoires de l'Académie des Sciences*, 1727.

(2) *Philosophical Transactions*, t. XLVII. Ce travail fut réimprimé à part à Londres en 1756, lorsque la justesse des idées de Peyssonel eut été démontrée.

Leuwenhoeck, étudiait cet habitant de nos eaux douces, et annonçait les découvertes qui ont immortalisé son nom ; Bernard de Jussieu et Guettard, envoyés par leurs confrères de l'Académie de Paris, partaient pour nos côtes occidentales, observaient ce monde marin qui réserve de si grands enseignements à qui sait le comprendre, et confirmaient notamment tout ce qu'avait dit Peyssonel. — Réaumur se rendit à ces témoignages, et avec une noblesse de bonne foi qu'on ne saurait trop louer, il proclama lui-même son erreur passée et la grandeur de la découverte due à celui qu'il combattait treize ans auparavant (1).

Un de ces hasards comme il en arrive à qui sait les chercher, avait mis Trembley sur la voie des études que nous résumerons rapidement. — Cet observateur avait placé dans un vase de verre une certaine quantité d'eau de mare couverte de ces petits végétaux à deux feuilles étalées, à racine pendante en plein liquide, appelés *lentilles d'eau*. Bientôt il aperçut de petits corps d'un beau vert qui s'étaient fixés sur les parois transparentes du bocal, et qui, tantôt immobiles, tantôt se déplaçant lentement, changeaient de forme et de proportion. Complétement déployés ces corps ressemblaient à des cylindres creux de cinq à six lignes de long, dont l'extrémité libre, percée d'un orifice central, portait un

____

(1) *Mémoires pour servir à l'histoire des Insectes*, préface du sixième volume, 1742.

nombre variable de cornes ou de bras allongés, mobiles en tous sens et rétractiles. Venait-on à les heurter un peu rudement, ces cornes se raccourcissaient, semblaient disparaître, et le cylindre lui-même devenait une sorte de cône ayant à peine une ligne de hauteur.

Longtemps Trembley ne sut que faire de ces singuliers corps. Était-ce un animal? était-ce seulement une plante douée de propriétés analogues à celles de la sensitive? La couleur, la forme, étaient d'un végétal; mais d'un autre côté ces corps se déplaçaient tantôt en rampant avec une extrême lenteur, tantôt en exécutant des espèces de culbute à la façon des saltimbanques. Pour résoudre ce problème, le naturaliste coupa en deux un de ces êtres énigmatiques. Quarante-huit heures après chaque moitié avait reproduit ce qui lui manquait et présentait un tout complet. La division en vingt, trente, cinquante fragments, produisit de même en quelques jours vingt, trente, cinquante individus. En même temps Trembley découvrait sur ces cylindres animés de petites élévations qui, grandissant, s'allongeant de jour en jour, poussant ensuite des cornes par leur extrémité libre, finissaient par se détacher et ressemblaient entièrement au corps qui leur avait donné naissance.

Trembley trouvait donc ici deux grands phénomènes, jusque-là regardés comme appartenant exclusivement aux végétaux, la multiplication par boutures et la reproduction par bourgeons; mais en même temps il voyait ces prétendues plantes se nourrir à la façon des animaux chasseurs, saisir au passage, avec leurs bras, des insectes aquatiques, parfois presque aussi gros qu'elles-mêmes, les avaler tout entiers, les digérer, et rejeter par l'ouverture qui avait servi de bouche les débris inutiles à la nutrition. Ces derniers faits parurent à notre observateur écarter toute incertitude. Les êtres qu'il étudiait depuis si longtemps furent définitivement pour lui des animaux. Réaumur, consulté sur cette conclusion, l'adopta dès qu'il eut vu quelques-unes de ces étranges bêtes, et leur donna le nom de *polypes*, appliqué depuis à toute une classe. Aidé par Bernard de Jussieu, il trouva aux environs de Paris une espèce très-voisine de celle de Hollande, et d'autres animaux qu'il crut, mais à tort, pouvoir en rapprocher (1).

Les découvertes de Trembley confirmant si bien celle de Peyssonel, eurent un retentissement immense. La cour et la ville, pour parler le langage d'alors, s'en préoccupèrent. Les premiers polypes envoyés de Hollande furent solennellement présentés à l'Académie des sciences par Réaumur, qui indiqua en même temps d'autres animaux comme pouvant présenter des phénomènes analogues. Aussitôt on se mit à l'œuvre de toutes parts. Sur les cô-

---

(1) Les *Polypes à panache* de Réaumur et de ses contemporains n'ont avec les vrais polypes qu'une faible ressemblance extérieure. Ces derniers appartiennent à l'embranchement des rayonnés ; les premiers ont été avec raison rapportés à celui des mollusques.

tes de la Bretagne et de l'Anjou, Bernard de Jussieu et Guettard mirent en pièces à l'envi actinies et astéries. Dans les deux groupes, ils constatèrent la reproduction des parties enlevées. Ils s'assurèrent de la nature vraiment animale d'un grand nombre de polypiers, et allèrent même trop loin, en rangeant parmi ces derniers bon nombre de végétaux calcarifères qui n'ont recouvré que bien tard leur véritable place. D'un autre côté, Réaumur et ses émules interrogèrent les eaux douces, et les bryozoaires de nos étangs, les planaires et les naïs de nos ruisseaux, les vers de terre eux-mêmes se montrèrent à divers degrés insensibles à des mutilations qui ne faisaient que les multiplier. — A toutes ces expériences, la physiologie positive gagna une grande vérité; à savoir, que certains animaux peuvent, comme les plantes, se reproduire par boutures et par bourgeons.

On comprend qu'il ne pouvait plus être ici question d'ovoviviparisme; il fallait bien se mettre en quête d'explications nouvelles. Alors les métaphysiciens, qu'ils fussent naturalistes ou non, se mirent de la partie. — La doctrine des germes préexistants régnait à ce moment presque sans partage. Comment concilier les faits nouveaux avec cette théorie ! Bonnet consacra à la solution de ce problème de longues méditations qui aboutirent à une exagération nouvelle, à la *panspermie*, théorie bizarre qui admet l'existence constante et la diffussion universelle de germes partout présents et toujours prêts à se développer. — D'autre part, les cartésiens s'emparèrent de ces expériences, et demandèrent, aux partisans de l'âme des bêtes ce que devenait l'âme d'un polype coupé en cinquante morceaux, dont chacun reproduit un individu complet. L'âme avait-elle été divisée aussi bien que le corps, ou bien était-elle restée tout entière dans un fragment favorisé? Dans le premier cas, ces cinquantièmes d'âme se complétaient-ils? Dans le second, comment les morceaux primitivement privés d'âme pouvait-ils se conduire et agir aussi bien que celui qui l'avait gardée? Existait-il donc des *germes d'âme* comme des *germes de corps?* — Ces questions et bien d'autre furent vivement agitées; mais peu à peu tout ce bruit se calma. Les problèmes insolubles furent laissés de côté; et, grâce à l'habitude, à la multiplicité même des faits, on finit par trouver tout simple qu'un animal pût se reproduire à la manière des végétaux, comme on s'était habitué à admettre qu'un insecte fût tour à tour vivipare et ovipare, et qu'un seul acte fécondateur agît non-seulement sur la génération présente mais encore sur les générations à venir.

Pendant plus de trois quarts de siècle, les naturalistes explorèrent les voies ouvertes par Bonnet, Peyssonel et Trembley. Les faits s'accumulèrent, mais aucun phénomène réellement nouveau ne se montra. Pourtant, parmi les travaux qui se rapportent à cette période, parfois plus encore par leur nature que par leur date, il en est de trop importants pour que nous les passions sous silence. Nous verrons d'ailleurs que la valeur réelle n'en fut complètement appréciée que lorsqu'ils purent être envisagés sous des rapports très-longtemps inaperçus.

Disons d'abord qu'à la suite des découvertes dont il vient d'être parlé, on avait rangé parmi les animaux comparables à l'hydre de Trembley, non-seulement des végétaux comme les corallines, mais encore bon nombre d'espèces animales qui appartiennent à un tout autre type, entre autres les flustres, les eschares, les botrylles, qui sont en réalité autant de *mollusques agrégés* ou *composés*. Savigny, ce compagnon des Geoffroy et des Cuvier, qui a payé par trente ans de tortures ses admirables révélations, fît connaître en 1816 leur véritable nature. Dans toutes ces espèces, la multiplication des individus s'opère comme chez les polypes avec lesquels on les confondait (1). Les divers modes de reproduction découverts par les contemporains de Réaumur se trouvaient donc appartenir à des êtres bien différents, mais dont plusieurs avaient cela de commun que de nombreux individus, soudés les uns autres et en communication organique intime, formaient des espèces de colonies capables de s'étendre et de grandir. Or la

(1) *Mémoires sur les animaux sans vertèbres.* On sait que Savigny, de retour de l'expédition d'Égypte et à la suite de ses travaux, fut atteint d'une affection des yeux à la fois très-extraordinaire et très-douloureuse, qui pendant près de trente ans le força de rester dans une obscurité absolue. Dans un rapport fait à l'Institut sur un des premiers mémoires de ce naturaliste éminent, Cuvier disait : « Savigny ne découvre pas, il révèle, » tant les résultats annoncés étaient à la fois inattendus et clairement démontrés.

reproduction par boutures et par bourgeons expliquait bien la multiplication sur place, mais non pas la dissémination des colonies elles-mêmes.

Ce problème est resté sans solution jusque vers le premier tiers de ce siècle.

Bernard de Jussieu avait, il est vrai, entrevu les œufs de l'hydre; Cavolini, vivant sur le bord de la mer, avait aussi suivi ce qu'il appelait des *œufs* ou *germes tourbillonnants* de polypes, les avait vus se fixer sur un corps solide et donner naissance à un nouveau polypier (1); d'autres faits étaient venus se joindre à ces premières observations. Néanmoins bien des points du problème étaient encore restés dans l'obscurité, lorsque MM. Audouin et Milne Edwards annoncèrent que les *ascidies composées* pondent de véritables œufs d'où sortent des larves d'abord mobiles et très-agiles, qui se fixent plus tard et deviennent l'origine d'une colonie nouvelle (2). Cette importante observation, d'abord niée, puis confirmée par divers naturalistes, devint pour M. Edwards seul le point de départ de recherches plus approfondies que nous allons exposer sommairement (3).

(1) *Memorie per servire alla storia dei polypi marini,* 1789.

(2) *Observations sur les ascidies composées des côtes de la Manche* en 1834 et 1839. Ce travail a été imprimé par l'Académie des sciences en 1841. Depuis, M. van Bénéden a étendu aux ascidies simples les résultats obtenus par M. Edwards chez les ascidies composées et sociales. (*Recherches sur l'Embryogénie, l'Anatomie et la Physiologie des ascidies simples,* 1846.)

(3) *Résumé des Recherches sur les animaux sans vertèbres faites aux îles Chausey,* 1828.

Les ascidies sont des mollusques marins sans coquilles, dont les nombreuses espèces peuvent être partagées en trois groupes. Chez les unes, les individus vivent isolés, et on les appelle alors *ascidies simples;* chez d'autres, ils sont lâchement réunis les uns aux autres par des prolongements en forme de racines traçantes, et on les désigne sous le nom d'*ascidies sociales;* chez d'autres enfin, les individus sont entièrement ensevelis dans une masse commune, ont entre eux des relations organiques étroites, dispositions qui justifient l'expression d'*ascidies composées.* — Les premières se présentent d'ordinaire sous la forme de masses irrégulièrement globuleuses adhérentes aux corps sous-marins; les secondes pendent presque toujours à la voûte de quelque rocher creux comme autant de petites girandoles de cristal; les troisièmes tapissent parfois des roches entières, des pierres, des fucus. D'ordinaire la masse commune est comme gélatineuse, à demi transparente, plus ou moins teintée de rose, de vert ou de brun, et chaque colonie dessine à sa surface tantôt des festons irréguliers, tantôt des figures qu'on dirait tracées par le compas d'un géomètre. — Chez toutes les ascidies d'ailleurs l'organisation est au fond la même. Toutes ont un système nerveux très-simple, un appareil circulatoire très-imparfait, un tube digestif plus ou moins contourné, et chez un grand nombre on peut étudier ces détails à la simple loupe sans recourir au scalpel, grâce à l'extrême transparence des couches tégumentaires.

L'œuf pondu par une ascidie composée s'organise rapidement, en présentant les phénomènes dont nous avons parlé au début de cette étude. Comme chez la hermelle et le taret, il se change en larve, de toutes pièces. Cette larve à corps ovalaire est munie d'une longue queue qui lui donne quelque ressemblance avec un têtard. Aucun viscère n'existe encore ; seulement une sorte de tégument très-épais, incolore et transparent enveloppe une masse centrale, homogène, d'un jaune foncé, où se développeront les divers organes. Un prolongement de cette masse pénètre dans la queue ; trois autres, placés en avant, agissent comme des ventouses, et permettent à l'animal d'adhérer momentanément aux corps immergés.

La jeune ascidie nage d'abord avec beaucoup d'agilité, mais cette activité s'épuise vite. — Au bout de quelques heures, elle se fixe pour toujours. Les prolongements de la masse jaune se retirent alors vers le centre de la larve ; la queue se flétrit et se détache ; des traces d'organisation se montrent çà et là ; les organes digestifs, le cœur, apparaissent successivement, et dès le troisième jour les principaux appareils organiques sont en activité. — En même temps la portion tégumentaire de la larve s'est élargie et étendue. C'est elle qui deviendra la gangue commune à tous les habitants de la future colonie. Sur le corps de l'animal, jusque-là solitaire, apparaissent de véritables bourgeons qui se frayent un chemin à travers cette gangue, viennent s'ouvrir au dehors dans un ordre constant pour chaque espèce, et bientôt, au lieu d'une seule ascidie isolée, on a un groupe d'ascidies composées, qui toutes pondront des œufs quand le moment sera venu.

On voit que chez les ascidies, comme chez les pucerons, un animal sorti d'un œuf engendre d'abord solitairement des enfants formés pour ainsi dire de toutes pièces, puis rentre dans la règle commune et devient ovipare à son tour.

CHAPITRE XIV

Découverte de la génération alternante.
(biphores, méduses).

En combinant avec les observations si précises de M. Edwards celles de ses devanciers et de ses successeurs, nous pouvons en tirer une conclusion générale. — Selon toute apparence, la dissémination des animaux fixés est toujours due à des œufs qui, sortis du sein de la mère, vont éclore au loin, et qui, dans l'immense majorité des cas, donnent naissance à des larves, d'abord libres et mobiles. On retrouve donc ici la métamorphose proprement dite et le développement récurrent dont nous avons déjà parlé (1). De plus, chez les espèces destinées à une vie sociale, on rencontre la multiplication par bourgeons.

Ce double mode de propagation est évidemment nécessaire et serait suffisant pour rendre possible l'existence des polypes et des autres animaux qui vivent en colonies. Mais la nature organique, on ne saurait trop le répéter, procède rarement par une seule voie en choisissant la plus simple, et nous al-

(1) Dans la partie de cette étude relative aux *métamorphoses proprement dites.*

lons voir qu'elle gardait aux naturalistes de bien autres surprises. En 1819, un Français germanisé, que connaissent et aiment tous ceux qui ont lu l'étude que lui a consacrée M. Ampère (1), annonça une découverte qui, en étrangeté et en inattendu, ne le cédait en rien à celles du siècle précédent. — Chamisso venait de découvrir le mode de reproduction des *biphores* et de prononcer les mots *alternance de génération.*

Les biphores (*salpa*) sont des mollusques marins d'une forme très-bizarre et dont il est assez difficile de donner une idée. Toutefois on peut se les figurer comme un cylindre irrégulier de cristal parfaitement transparent, à l'intérieur duquel serait suspendue une masse proportionnellement petite de matière opaque et vivement colorée appelée le *nucleus.* Celui-ci est formé par la réunion des principaux viscères. Le cylindre représente le *manteau* et la coquille des mollusques ordinaires. Il est percé vers ses deux extrémités. L'eau nécessaire à la respiration pénètre par l'une des ouvertures, est chassée par l'autre, grâce aux contractions du manteau, et, sortant avec rapidité, refoule pour ainsi dire en sens contraire l'animal, qui nage seulement à l'aide des mouvements respiratoires.

Depuis assez longtemps, l'attention des naturalistes voyageurs avait été attirée sur ces animaux, dont la phosphorescence se fait remarquer même

(1) Voyez *Revue des Deux Mondes*, 15 mai 1840.

au milieu des vagues de feu de l'Océan intertropical. Or on les avait vus se montrer tantôt isolés, tantôt réunis en colonies et formant de longs rubans composés d'individus parfaitement semblables. Entre les *biphores chaînes* et les *biphores solitaires* il y avait d'ailleurs toujours des différences très-marquées. Ces deux états parurent d'abord propres à distinguer deux groupes parmi ces singuliers mollusques ; ensuite notre célèbre voyageur Péron pensa que les biphores, agrégés dans leur jeune âge, s'isolaient et revêtaient des caractères nouveaux par le fait même du développement. — Il admettait ainsi chez eux l'existence de métamorphoses proprement dites, car les différences qui séparent les individus enchaînés des individus solitaires portent aussi bien sur la forme et la disposition des viscères que sur les caractères extérieurs.

Chamisso reconnut que ce phénomène est bien autrement compliqué (1). Il vit que les biphores sont androgynes et vivipares, qu'ils viennent au monde avec la forme qu'ils conserveront toute leur vie. Mais, chose étrange, une mère solitaire ne met au monde que des enfants réunis en colonies, et ceux-ci à leur tour n'engendrent que des individus solitaires. Il suit de là qu'un biphore ne ressemble jamais ni à sa mère ni à ses fils, mais toujours à son aïeule et à ses petits-fils. — Il y a d'ailleurs

(1) *De Animalibus quibusdam è classe vermium linneana. Fasc. prim. De Salpis*, 1819.

identité complète de caractères intérieurs et extérieurs entre les générations considérées de deux en
deux.

La métamorphose, on le voit, porte ici non pas
sur les individus, mais bien sur les générations
elles-mêmes. Les choses se passent comme si la
chenille, au lieu de se transformer, mettait au
monde des papillons tout formés, lesquels enfante-
raient à leur tour des chenilles. C'est une véritable
alternance de générations, et chez tous les biphores
la reproduction est soumise à cette loi (1). Par conséquent chez ces mollusques l'espèce ne peut plus
être déterminée par les divers caractères que présente pendant toute sa vie un seul individu ; il faut
réunir ceux de deux individus appartenant à deux
générations successives, et décrire deux formes au
lieu d'une.

Les faits annoncés par Chamisso parurent à peine

(1) Voici quelques passages du mémoire de Chamisso qui prou-
vent que je ne fais pas tenir à ce naturaliste un langage autre que
le sien : « Quà sepositâ (*salpa bicorni*) alternationem generatio-
num legem esse ut posuimus genericum, omnibus communem
speciebus, observationibus innititur. » — « Talis speciei meta-
morphosis generationibus in salpis duobus successivis perficitur,
formâ per generationes (nequaquam in prole seu individuo) mu-
tatâ. Verum enim vero quâ lege proles salparum, ut animal ab
ove, imago a larvâ, inter se differunt, parum elucet. » (*De Salpis.*)
— « Es ist als gebære die Raupe den Schmetterling und der
Schmetterling hinwiederum die Raupe. » (*Reise um die Erde.*)
M. T. Huxley, qui le premier, je crois, a rendu complétement
justice à Chamisso, cite ces mêmes passages auxquels on pourrait
en ajouter bien d'autres.

plus croyables que ses *Aventures de Pierre Schlémihl*. On les nia d'abord, puis, à mesure que des observations nouvelles les confirmaient de plus en plus, on chercha à les interpréter ; mais tant qu'ils furent isolés, il était impossible d'en saisir la véritable signification. Ces observations laissaient d'ailleurs dans l'histoire des biphores une lacune qui n'a été comblée que bien tard par les travaux de MM. Krohn (1), Huxley (2), Leuckart (3), Vogt (4), travaux dont nous parlerons tout à l'heure. Aussi, bien moins heureux que Peyssonel, Chamisso mourut-il non-seulement sans voir adopter ses idées, mais encore sans avoir pu comprendre lui-même la grandeur de sa découverte.

Les observations de Chamisso, d'abord forcément incomprises, les faits bien plus obscurs encore annoncés dès 1818 par un des plus célèbres naturalistes allemands, Carus, comme résultant de ses recherches sur les *helminthes* ou *vers intestinaux*,

(1) *Observations sur la Génération et le Développement des Biphores, Annales des Sciences naturelles*, 1846.

(2) *Observations upon the Anatomy and Physiology of Salpa and Pyrosoma*, 1851, *Philosophical Transactions*.

(3) *Zoologische Untersuchungen, zweites Heft*, 1854.

(4) *Recherches sur les animaux inférieurs de la Méditerranée*, second mémoire, 1855. Bien que M. Vogt vienne en dernier dans l'ordre des publications détaillées, il est juste de dire que ses observations remontent en partie à 1847, qu'elles furent reprises avec une grande constance de 1850 à 1852, et communiquées dans leur ensemble à une réunion de naturalistes suisses. L'abondance même des matériaux recueillis par ce savant et laborieux naturaliste en a pendant quelque temps retardé la publication.

inaugurent une ère toute nouvelle dans l'histoire du développement des êtres. Ces pionniers de la science ont ouvert une voie où nous marchons d'un pas chaque jour plus ferme, mais dans laquelle on a maintes fois failli s'égarer. L'histoire complète de ces tâtonnements présenterait un intérêt réel, mais elle serait beaucoup trop longue et difficile à suivre. Nous devons donc nous borner à jalonner pour ainsi dire la route tracée par les premiers qui abordèrent cette *terre inconnue* (1) ; encore serons-nous parfois obligé d'intervertir l'ordre chronologique, afin de présenter d'abord les résultats qui, par leur netteté et leur précision, pourront servir de type. — A ce titre, les travaux de MM. Saars et Charles de Siebold sur la reproduction des méduses doivent incontestablement passer les premiers.

Rappelons d'abord quelques faits bien connus de tous les naturalistes, mais peu familiers peut-être à la plupart de nos lecteurs.

Depuis près d'un demi-siècle, les zoologistes ont admis, entre autres grandes divisions de l'embranchement des rayonnés, la classe des *acalèphes* et celle des *polypes*. Cette distinction semblait plus que justifiée. On a en effet constaté entre les deux groupes des différences bien plus profondes et plus nombreuses que celles qui séparent les reptiles et les

(1) Expression employée en 1835 par un naturaliste allemand, M. de Siebold, qui désignait ainsi en particulier l'histoire de la reproduction des helminthes.

oiseaux. Aspect extérieur, organisation intérieure, rien ici ne se ressemble.

Tous les acalèphes sont libres et nageurs ; la plupart sont solitaires ; au contraire à peine quelques polypes jouissent-ils de mouvements obscurs de reptation ; presque tous sont fixés à demeure, et l'immense majorité vit en colonies. L'hydre de Trembley sert de type, nous l'avons vu, à ce dernier groupe, elle est restée le chef de file d'un ordre tout entier. Les méduses appartiennent au premier. On les reconnaît aisément à leur *ombrelle* en forme de champignon ou de cloche, tantôt incolore et transparente, tantôt opaline et richement teintée à la façon des émaux. Cette ombrelle est à la fois le corps et l'organe locomoteur de l'animal. Dans son épaisseur sont cachées les cavités digestives, les canaux circulatoires ; ses contractions rhythmiques servent à la natation. Au centre de la face concave, là où serait placé le pied du champignon ou le battant de la cloche, on trouve la bouche, entourée presque toujours de divers appendices. Enfin le bord même de l'ombrelle est souvent garni de cirrhes, parfois très-longs et contractiles, qui servent à l'animal de bras ou de lignes de fond pour saisir, enlacer et tuer la proie qu'ils apportent ensuite à la bouche.

A peine existait-il dans la science quelques observations isolées et incomplètes sur l'appareil reproducteur des méduses, lorsque Saars et Siebold publièrent leurs belles recherches. — Le premier, pasteur à Berghem, occupait les loisirs de son ministère en étudiant la riche faune marine des côtes de Norvége. Dès 1829, il avait décrit comme des espèces nouvelles, sous les noms de *scyphistoma* et de *strobila*, deux polypes voisins des hydres. Plus tard, il reconnut que le second de ces animaux n'est qu'une transformation du premier (1833). Dès 1835, il annonça que le strobila produit de véritables acalèphes par un procédé encore inobservé (1). — De son côté, Siebold, un des naturalistes allemands qui les premiers ont compris toute l'importance des créations marines, distingua nettement les sexes chez les méduses, suivit dans leurs transformations premières les larves qui sortent de l'œuf, et les vit produire de vrais polypes (2). Enfin, en 1841, dans un mémoire aussitôt reproduit dans toutes les langues de l'Europe, Saars coordonna et compléta cette histoire, jusque-là connue seulement par fragments (3), et que nous allons rapidement esquisser.

L'aurélie rose (*medusa aurita*), que le travail d'Ehrenberg a rendu presque aussi célèbre que la chenille du saule immortalisée par l'ouvrage de Lyonnet (4), est une belle espèce à ombrelle presque

____

(1) *Beskrivelser og Jattagelser over nogle mœrkelige eller nye i Havet ved den Bergenske kyst levende Dyr.* Un extrait de cet ouvrage a été traduit par M. Gervais dans les *Annales d'Anatomie et de Physiologie,* 1838.

(2) *Beitræge zur Naturgeschichte der wirbellosen Thiere.*

(3) *Mémoire sur le Développement de la Medusa aurita et de la Cyanea capillata,* dans les *Annales des Sciences naturelles,* 1841.

(4) Jusqu'à l'apparition de ce travail, publié en 1839 dans les *Mémoires de l'Académie de Berlin ,* l'organisation des méduses

hémisphérique de dix à douze centimètres de diamètre, teintée d'un rose pâle dû aux mailles de son réseau vasculaire, et dont le rebord est garni de tentacules nombreux courts et roussâtres.

L'aurélie pond des œufs bien caractérisés par l'existence des trois sphères concentriques dont nous avons parlé dans la première partie de cette étude. — Ces œufs se transforment en larves, d'abord assez peu différentes de celles des hermelles ou des tarets. Leur corps ovalaire, d'apparence entièrement homogène, est couvert de cils vibratiles, et présente en avant une petite dépression. Elles nagent pendant quelque temps avec beaucoup de vivacité, à la manière des infusoires, auxquels elles ressemblent de manière à tromper quiconque bornerait là ses observations.

Cette première phase de la vie chez les méduses dure environ quarante-huit heures. Les mouvements

était regardée comme extrêmement simple. On croyait que les cavités et les canaux découverts par M. C. Duméril dès la fin du siècle dernier étaient creusés dans une matière homogène, ne présentant aucun tissu distinct. Oken et ses disciples fondaient une partie de leurs doctrines sur ce fait, accepté sans examen. M. Ehrenberg démontra que dans l'aurélie il existe des tissus, des organes, des appareils parfois très-complexes. Il fit donc pour notre époque et pour un groupe bien autrement difficile à connaître ce que Lyonnet avait fait pour les insectes, et, en sapant un des principaux fondements de la *Philosophie de la nature*, rendit aux sciences naturelles un service signalé. Bien des zoologistes, et en particulier MM. Agassiz, Edwards, Huxley, Will, ont pleinement confirmé le résultat général des recherches du savant berlinois, et pour mon compte j'en ai maintes fois reconnu l'exactitude.

se ralentissent alors, et la jeune larve semble fatiguée. A l'aide de la petite dépression qui a été signalée, elle s'attache à quelque corps solide. L'animal errant jusque-là va désormais végéter sur place. Un mucus épais sécrété par elle s'étend en un large disque qui la fixe solidement (1).

La jeune aurélie change de forme en même temps que de genre de vie. Elle s'allonge rapidement; son pédicule se rétrécit; son extrémité libre se renfle en massue. Bientôt une ouverture se montre au centre de cette extrémité et laisse voir une cavité interne; quatre petits mamelons s'élèvent sur les bords, grandissent et deviennent autant de bras; d'autres ne tardent pas à paraître et à s'allonger à leur tour. — L'infusoire de tout à l'heure s'est changé en polype, et c'est ce dernier que Saars avait décrit d'abord sous le nom de *scyphistoma*.

Sous sa forme polypiaire, la méduse jouit de toutes les propriétés des véritables représentants de ce groupe. Elle se multiplie entre autres par bourgeons et par *stolons* (2). Tantôt des bourgeons naissent sur un point du corps, et ne tardent pas à

(1) J'ai reproduit ici l'opinion de Saars, mais il est bien probable que ce prétendu mucus est une véritable expansion sarcotique analogue à celles qu'on a observées dans le développement d'un grand nombre d'autres animaux inférieurs et des éponges elles-mêmes.

(2) On appelle *stolons* ou *jets* ces espèces de branches grêles qui partent du bas de la tige d'une plante et qui, prenant racine à quelque distance de leur point de départ, produisent une plante nouvelle. Le fraisier nous offre un exemple connu par tout le monde de ce mode de multiplication.

reproduire l'animal souche, tantôt ils s'allongent en tige grêle qui rampe sur le sol jusqu'à une certaine distance, et sur laquelle poussent des tubercules qui à leur tour deviennent des scyphistoma, tous ressemblant à autant de cornets largement évasés, courts, et dont le bord serait garni de vingt ou trente filaments grêles et mobiles. Chacun des derniers venus peut d'ailleurs se conduire comme les premiers, et donner naissance à de nouvelles générations qui étendent de plus en plus la colonie. On dirait un fraisier jetant en tout sens les tiges grêles qui de proche en proche peuvent garnir une plate-bande entière.

La méduse vit pendant quelque temps sous cette forme; puis un cornet acquiert une longueur triple ou quadruple de celle de ses frères et en même temps il devient cylindrique. Une première dépression circulaire se forme près de la couronne des tentacules; d'autres se prononcent de même, et s'espacent régulièrement jusque près du pédicule, qui n'est lui-même jamais atteint. — Le corps du polype se trouve ainsi comme cerclé de dix à quatorze anneaux.

Ces anneaux sont d'abord lisses, mais bientôt leur bord inférieur se festonne; les festons se caractérisent; les angles s'allongent et se transforment en huit petites lanières bifurquées à leur extrémité. En même temps les sillons intermédiaires se creusent de plus en plus, et arrivent jusque tout près de l'axe du polype. Celui-ci, à ce moment, ne ressemble pas mal à une pile de petites assiettes à bords profondément découpés, très-plates, et tenant les unes aux autres par leur centre. Le scyphistoma s'est pour ainsi dire coupé lui-même en tranches. C'est la méduse, parvenue à ce point de son évolution, que Saars avait décrite sous le nom de *strobila,* et l'on voit combien était excusable la méprise du naturaliste norvégien.

Arrivées à ce degré de développement bien imparfait encore, les divisions du strobila donnent déjà des signes irrécusables d'individualisation. Chacune d'elles agite isolément les rayons en franges de son bord libre ; si l'on vient à en toucher une, elle se contracte seule. Pour que toutes ces tranches d'un animal naguère unique deviennent autant d'animaux distincts, il suffit qu'elles se séparent, et c'est ce qui ne tarde pas à arriver. La plus élevée, celle qui porte encore les tentacules du scyphistoma, se détache la première, et l'on ne sait ce qu'elle devient. Celles qui suivent en font autant, et nagent immédiatement dans le liquide à la façon des acalèphes. — Ce sont déjà des médusaires, mais non pas des aurélies, et Saars les compare avec raison à une espèce très-différente appartenant à un autre genre, l'éphyre à huit rayons (*ephyra octoradiata*).

Ni la forme ni surtout l'organisation ne sont donc encore ce qu'elles doivent être ; mais bientôt ces larves se complètent. D'abord très-plates, comme nous l'avons dit plus haut, elles deviennent de plus en plus concaves d'un côté et convexes de l'autre ; la cavité digestive, les canaux gastro-vasculaires se prononcent ; la bouche s'ouvre et s'entoure de ses tentacules ; les cirrhes marginaux se montrent, d'abord rares, puis plus nombreux ; les appareils reproducteurs mâle et femelle naissent sur des individus séparés et entrent bientôt en fonction. — Enfin, au lieu d'un seul infusoire, au lieu d'un scyphistoma plus ou moins ramifié, au lieu d'un strobila plus ou moins segmenté, ou d'un essaim d'éphyres, on a sous les yeux de nombreuses aurélies roses, toutes semblables à celle qui avait pondu l'œuf unique primitif et ne pouvait se reproduire que comme elle.

Quelque peu naturalistes que puissent être nos lecteurs, que penseraient-ils si on venait leur dire : Un papillon a pondu un œuf ; de cet œuf est sorti un ver de terre qui bientôt s'est changé en chenille ; sur cette chenille ont poussé, comme autant de branches, d'autres chenilles semblables à la première ; ensuite chacune d'elles, tout en gardant sa tête de chenille, a pris un corps de chrysalide ; ce corps s'est étranglé par places, et peu à peu il s'est trouvé composé de papillons empilés les uns sur les autres ; alors la tête de chenille est tombée, et les papillons ont pris tour à tour leur volée ; ils ressemblaient d'abord à des phalènes, mais en grandissant ils sont devenus pareils aux plus beaux papillons de jour ? — Qui voudrait ajouter foi à cette histoire, racontant des transformations comme on croit en voir dans ses rêves ? Et pourtant changez quelques mots, mettez à la place des insectes et des papillons les acalèphes et les méduses, et ce qui tout à l'heure était une fable incroyable devient la simple vérité.

CHAPITRE XV

Interprétation nouvelle des faits anciennement découverts.

Avant d'aller plus loin, il est nécessaire de désigner les diverses phases de cette multiplication si accidentée par des noms généraux qui seront ici les analogues des mots *larve, nymphe, insecte parfait,* employés dans l'étude de la métamorphose proprement dite. Or ces phases principales sont au nombre de trois. Nous avons vu d'abord sortir de l'œuf un être simple, un individu neutre, c'est-à-dire n'étant ni mâle ni femelle ; bien plus tard, nous avons rencontré un être composé, également neutre, dont chaque partie était susceptible de vivre isolément ; enfin nous avons vu ces parties se détacher et acquérir les organes caractéristiques du sexe. Un naturaliste belge, dont le nom reviendra souvent dans le cours de cette étude, M. van Beneden, a le premier distingué ces trois états, et leur a donné des noms (1). Nous adopterons volontiers sa nomenclature.

Ainsi nous appellerons *scolex* l'animalcule qui sort de l'œuf d'une méduse ou de toute autre espèce se

(1) *Recherches sur les Vers cestoïdes*, 1850. — *La Génération alternante et la Digenèse*, 1854.

reproduisant par des procédés analogues. Donnant au mot *strobila* une acception plus étendue que ne le faisait Saars, nous désignerons par là tout être composé provenant d'un scolex, et destiné à produire des individus isolés. Enfin, empruntant à M. Dujardin une expression employée par lui dans un sens presque semblable, nous nommerons *proglottis* les individus provenant d'un strobila qui se complètent par l'acquisition d'organes reproducteurs, et ferment ainsi le cycle des développements.

Faisons encore ici une remarque importante.

Nous avons vu sortir de l'aurélie un scolex ayant presque tous les caractères de certains infusoires, et qui plus tard a pris la forme de polype. Dans cet état, il a produit par gemmation d'autres polypes semblables à lui. Entre le scolex primitif et les strobiles qui en proviennent, se trouvent donc intercalées plusieurs générations. Or ces générations ne sont pas toujours semblables entre elles. Il arrive parfois qu'un individu, quoique produit par bourgeonnement, diffère de son parent à beaucoup d'égards, ou même ne lui ressemble pas du tout : c'est comme si une chenille velue poussait sur une chenille lisse. — En ce cas, la première forme sera désignée par l'expression de *protoscolex* (1), la deuxième par celle de *deutoscolex* (2), et ainsi de suite, en faisant toujours entrer dans la composition du mot les

---

(1) C'est-à-dire *premier scolex*.
(2) C'est-à-dire *second scolex*.

noms-de nombre tirés du grec, de manière à indiquer la succession des générations (1).

La reproduction des aurélies peut être prise pour type dans l'étude des faits qui nous occupent en ce moment. Sous le rapport de la multiplicité des phénomènes, elle tient pour ainsi dire le milieu. Il en est de beaucoup plus simples et aussi de beaucoup plus compliquées; mais quelques phases de plus ou de moins se manifestant dans le cours d'un pareil développement n'en changent pas le caractère. — Or, sans en discuter encore la signification précise, nous devons dès à présent signaler deux faits essentiels comme ressortant de ce qui précède.

Premièrement, chaque œuf pondu par notre méduse engendre non pas une seule aurélie, comme

(1) M. van Beneden, réservant le nom de *scolex* à la génération qui produit le strobila, appelle dans certains cas *proscolex* (*avant-scolex*) la génération qui précède. De là résulte parfois un peu de confusion dans l'exposé des phénomènes. La règle bien simple que je propose d'adopter, laquelle n'est d'ailleurs qu'une modification légère des idées du naturaliste belge, fait aisément disparaître cette petite difficulté. — M. Moulinié, dans son bel ouvrage sur les *Trématodes endo-parasites*, repousse la nomenclature proposée par van Beneden et préfère conserver les mots d'*embryon, nourrice, larve*. Par cela même il a dû partager l'avis du rédacteur de la *Bibliothèque de Genève* qui m'a reproché d'avoir changé, sans nécessité, la nomenclature de Steenstrup. On verra plus loin que cette nomenclature, traduisant des idées qui me paraissent inexactes et ne se prêtant pas à ma manière d'envisager l'ensemble des phénomènes, devait nécessairement être remplacée. En adoptant d'ailleurs les termes proposés par van Beneden, je crois avoir montré *une fois de plus* combien je cherche peu à introduire de nouveaux mots dans la science.

eût fait l'œuf du papillon, mais bien un très-grand nombre d'individus ; secondement, cet engendrement a lieu d'une manière médiate, car entre deux générations d'aurélies il se produit par bourgeonnement plusieurs générations d'animaux très-différentes.

A parler d'une manière plus générale encore, il y a ici engendrement de *générations multiples* à l'aide d'un *germe unique*. Là est pour moi le fait fondamental qui domine et commande tous les phénomènes secondaires. C'est là ce que j'ai cherché à exprimer par le mot de *généagenèse,* applicable à tout mode de reproduction qui présentera ce caractère essentiel.

Si nous reprenons avec ces nouvelles données l'histoire de l'hydre, des pucerons et des biphores, si nous ajoutons à ce qu'avaient découvert les anciens le résultat des investigations plus récentes, nous allons voir ces phénomènes de multiplication, au premier abord si peu semblables, prendre un air de famille et se grouper tout naturellement. Ce rapprochement a été fait pour la première fois par un naturaliste danois dans un ouvrage resté justement célèbre. — Par la publication de son *Traité de la Génération alternante* (1), M. Steenstrup a rendu aux sciences naturelles un service des plus signalés, et

(1) *Uber den Generationswechsel, oder Fortpflanzung und Entwickelung durch abwechselnde Generationen*, 1842. Cet ouvrage, sur lequel nous reviendrons dans le chapitre suivant, a été traduit en anglais par M. George Bush pour les membres de la Société de Ray. Il est à regretter qu'il n'en existe pas de traduction française.

bien que ne partageant pas toutes les opinions de l'auteur, bien que placé parfois à un point de vue assez différent, nous n'en rendons pas moins pleine justice à tout ce que son initiative a eu d'heureux et de fécond.

Nous avons vu plus haut que Bernard de Jussieu avait le premier découvert les œufs de l'hydre. — Ses successeurs, regardant ce mode de reproduction comme inutile chez un être qui se multipliait déjà par boutures et par bourgeons, prirent ces œufs pour des espèces de boutons produits par une maladie. Il n'existe en effet chez l'hydre aucun organe assimilable à l'ovaire. Les parois mêmes du corps sécrètent pour ainsi dire ces germes. Sur un point quelconque, et d'ordinaire là où avaient précédemment apparu des bourgeons, la peau se soulève en cupule ; les éléments de l'œuf s'amassent peu à peu sur place et s'entourent d'une espèce de coque hérissée d'épines bifurquées à leur extrémité. La peau crève alors, et l'œuf, expulsé au dehors, se fixe sur le premier objet venu. L'illustre micrographe de Berlin, Ehrenberg, qui le premier a bien fait connaître ce mode de reproduction des hydres (1), a depuis trouvé chez ces mêmes animaux les produits caractéristiques du sexe mâle. — L'hydre est donc hermaphrodite, et se propage par œufs aussi bien que par bourgeons. Mais, et c'est là un fait de la plus haute importance, les bourgeons se mon-

(1) *Die Fossilen Infusorien*, 1837.

trent toujours les premiers, et quand l'hydre a produit des œufs, elle meurt. — Ainsi de l'œuf pondu par une hydre sort d'abord un individu simple, un scolex capable de produire plusieurs individus semblables à lui, qui tous peuvent pousser de nouveaux bourgeons, mais qui, tout aussi bien que l'individu souche, finissent par acquérir les attributs de la sexualité.

C'est à peu près comme si de l'œuf du papillon sortait un animal ayant tous les caractères extérieurs de l'insecte parfait, mais privé d'organes reproducteurs, lequel produirait par gemmation des êtres semblables à lui, et susceptibles, aussi bien que lui, d'acquérir plus tard les attributs de père et de mère.

La généagenèse se montre ici dépouillée de toute circonstance accessoire et des complications résultant des changements de forme. Les diverses générations de scolex se ressemblent toutes, et chaque scolex se transforme directement en proglottis. La phase de strobila manque entièrement. — Cette simplicité même fait mieux ressortir ce qu'il y a de réellement fondamental dans le phénomène qui nous occupe; savoir, la production de plusieurs individus par un seul germe primitif.

Les ascidies composées nous montrent quelque chose de plus.

Chez elles, l'œuf donne naissance à un scolex qui se fixe et change de forme, qui acquiert alors des organes reproducteurs bien caractérisés, et produit par bourgeonnement de nouveaux individus tous également complets. Ici, le scolex se transforme directement en proglottis, qui à son tour enfante de toutes pièces une génération entière d'individus semblables à lui. Entre ces deux phases du développement, il existe des différences de forme et de genre de vie faciles à saisir.

Dans ce cas, pour rester fidèle à notre comparaison, nous dirons que l'œuf du papillon a produit d'abord une chenille; celle-ci est arrivée à l'état parfait; puis sur ce papillon provenant de l'œuf primitif ont poussé d'autres papillons semblables au premier, et dont celui-ci n'est, à proprement parler, ni le père ni la mère, mais seulement le *parent*.

Les choses se passent d'une manière encore un peu plus compliquée chez les pucerons.

L'œuf pondu en automne engendre un scolex ayant les caractères d'une nymphe. Pendant tout l'été, cette nymphe ne produit point d'œufs, mais bien de véritables bourgeons, qui poussent et s'organisent dans l'*intérieur* de son corps au lieu d'apparaître et de se développer à l'*extérieur*, comme chez l'hydre ou l'aurélie. Quand la température baisse, l'appareil reproducteur normal se montre chez des individus distincts, et nous trouvons alors des mâles et des femelles, c'est-à-dire de vrais proglottis (1).

(1) Il résulterait d'observations publiées par M. Heiden, qu'un puceron, après avoir produit agamiquement pendant tout l'été des individus semblables à lui, peut à la fin de la saison acquérir les attributs sexuels. En d'autres termes, de *scolex* il se change

C'est l'histoire d'un œuf de papillon d'où sortirait une chrysalide capable de produire par gemmation interne d'abord plusieurs générations de chrysalides semblables à elle, puis un certain nombre de papillons. Ici donc il y a plusieurs générations de scolex ; la phase de strobila manque aussi bien que chez les espèces précédentes, et les proglottis tantôt ressemblent aux scolex eux-mêmes durant toute leur vie (2), tantôt en diffèrent par quelques caractères indiqués plus haut.

Cette analogie de formes extérieures entre les scolex et les proglottis d'une même espèce rend quelquefois moins aisées à distinguer les phases de

rait en *proglottis*. On a tiré de ce fait, regardé comme entièrement nouveau, des conséquences exagérées. Cette transformation ne changerait évidemment rien au phénomène en lui-même, surtout quand on se place à notre point de vue.— Déjà Leydig, dans un travail important qui a paru en 1850 (*Zeitschrift für wissensch. Zool.*), avait été amené à confondre pour ainsi dire le mode de reproduction par œufs et par individus tout développés, en s'appuyant sur les premiers phénomènes du développement. Il a été combattu d'une manière plus ou moins explicite par Siebold, Owen, V. Carus, le docteur Burnet, et d'une manière très-directe par Lubbock (*On the double method of reproduction in Daphnia,* — *Philosophical Transactions,* 1857), Leuckart (*Zur Kenntniss des Generationswechsels und der Parthenogenesis bei den Insecten,* — *Moleschote's Untersuchungen,* 1858). Le remarquable travail dans lequel M. Huxley a résumé, repris et complété toutes les recherches précédentes ne peut plus laisser le moindre doute (*On the agamie reproduction and morphology of aphis,* — *Trans. of the Linn. Soc.,* 1858). Nous reviendrons plus loin sur ces questions.

(2) Bonnet a vu des individus entièrement dépourvus d'ailes se conduire exactement comme les individus ailés et donner les signes les moins équivoques de leur sexualité.

la généagenèse et masque pour ainsi dire le phénomène. Aussi celui-ci est-il déjà plus net chez les biphores, où les lois physiologiques se traduisent en
quelque sorte en caractères visibles.

Bien des naturalistes avaient abordé ce sujet depuis Chamisso, et on doit entre autres à un savant
de Copenhague, à M. Eschricht, un remarquable
travail anatomique dans lequel se trouvait décidé-
ment établi ce fait très-essentiel, que les *biphores
chaînes* sont ainsi réunis dès les premiers temps de
leur existence embryonnaire (1). Malheureusement
Eschricht n'avait pu étudier que des animaux conservés dans l'alcool, et il laissa à deux naturalistes,
l'un allemand, l'autre anglais, l'honneur d'éclaircir
à fond cette curieuse histoire, si longtemps traitée
de fable. Grâce à MM. Krohn (2) et Huxley (3), nous
savons aujourd'hui que chez les biphores il y a alternance non-seulement de forme et d'état, mais
aussi de façon de se reproduire. De leurs travaux
réunis, il résulte que les biphores agrégés sont à la
fois mâles et femelles et qu'ils pondent seuls des
œufs d'où sortent des biphores isolés. Ceux-ci sont
neutres, et produisent par gemmation interne seu-

(1) *Anatomisk-Physiologiske Undersœgelser over Salperne*, 1841.
Je ne connais ce travail que par les divers extraits qu'en ont donnés
d'autres auteurs.

(2) *Mémoire sur la Génération et le Développement des biphores*, 1846, *Annales des sciences naturelles*.

(3) *Observations upon the Anatomy and Physiology of Salpa
and Pyrosoma*, 1851, *Philosophical Transactions*.

lement des biphores agrégés. — Ici encore il n'y a
pas, à proprement parler, de strobila, et nous n'a-
vons qu'une génération de scolex dont chacun engendre directement des proglottis qui restent unis
pour la vie (1).

Chez les biphores tout se passe comme si un œuf
de papillon produisait une chenille d'où sortirait
une brochette de papillons soudés les uns aux autres et voltigeant sans pouvoir se séparer.

Nous devons le répéter ici, Peyssonel, Trembley,
Bonnet, et Chamisso lui-même, ne pouvaient comprendre toute la portée de leurs découvertes. Leurs
observations avaient été recueillies sur des animaux
placés trop loin les uns des autres, pour qu'ils pus-
sent soupçonner des relations dont rien jusque-là
n'avait même donné l'idée. — Ces observations
étaient d'ailleurs trop isolées, et faute d'un nombre
suffisant de termes de comparaison, il était impossible de reconnaître le phénomène essentiel au milieu de circonstances qui, pour être les plus apparentes, n'en étaient pas moins accessoires.

La science moderne pouvait seule aborder le
problème, et déjà le lecteur a dû reconnaître que
ces modes de reproduction, en apparence si dissemblables, ont tous un trait commun. Ici, comme

_____

(1) Eschricht avait déjà constaté que les *salpas chaines* germent
sur une sorte de stolon placé à l'intérieur du corps des salpas
isolés. A la rigueur, on pourrait considérer ce stolon comme une
espèce de strobila produit par gemmation interne, et restant caché dans le scolex.

nous l'avons dit plus haut, toujours un germe unique, renfermé dans un seul œuf, engendre plusieurs
individus, plusieurs générations. — Les découvertes
qui ont établi la généralité de ce fait remontent à
quelques années seulement. Elles embrassent les
divers groupes des animaux inférieurs, et marquent
dans l'histoire de la question qui nous occupe une
époque nouvelle, qui doit être examinée à part.

CHAPITRE XVI

Phénomènes de généagenèse chez les annelés et les mollusques.

Jusqu'ici, j'ai cherché à faire comprendre comment on était arrivé peu à peu à la connaissance des phénomènes généagénétiques. Il resterait maintenant à les expliquer ou plutôt à montrer comment ces phénomènes, d'apparence si exceptionnelle, viennent se ranger néanmoins dans le cadre général de nos connaissances les plus positives; mais avant d'aborder le côté théorique de mon sujet, il me faut citer encore un certain nombre d'exemples nécessaires pour motiver des conclusions parfois différentes de celles qu'ont tirées des mêmes faits quelques-uns de mes plus illustres confrères. Un intérêt particulier s'attache d'ailleurs à ces exemples. On y peut trouver la solution définitive d'une des questions les plus controversées par les philosophes aussi bien que par les naturalistes, et j'espère qu'on voudra bien me suivre, ne fût-ce que pour savoir s'il se produit ou s'il ne se produit pas des générations spontanées.

Déjà on a pu reconnaître combien la généagenèse va se compliquant de plus en plus, de l'hydre jusqu'à l'aurélie. Les faits de même nature se multipliant, et présentant des particularités chaque jour plus variées, il a fallu, pour s'y reconnaître, les rattacher à un certain nombre de types. C'est ce qu'a fait M. van Beneden, qui a proposé de les partager en cinq groupes ou catégories. Avec quelques restrictions de forme plus que de fond (1), nous adopterons ses idées à cet égard, et nous regarderons les exemples déjà cités comme caractérisant chacun de ces groupes par la nature essentielle et la succession des phases du développement. — Dans la première catégorie, nous placerons l'hydre et les animaux qui se multiplient comme elle, quel que soit d'ailleurs leur rang dans l'échelle zoologique; la seconde catégorie aura pour type les ascidies composées ; à la troisième appartiendront les pucerons, à la quatrième les biphores, à la cinquième l'aurélie.

Il s'en faut néanmoins que, dans chacune de ces catégories, la généagenèse se produise toujours d'une façon identique. A mesure qu'on a acquis une connaissance plus sérieuse de ces singuliers phénomènes, on a vu, presque dans chaque espèce, chaque phase du développement s'accompagner de particularités différentes et parfois bien inattendues. Ici,

____

(1) Dans l'ouvrage où il caractérise ces groupes, — *la Génération alternante et la Digenèse*, — M. van Beneden rapporte au troisième quelques espèces qui me paraissent devoir rentrer dans le deuxième; il place dans le dernier les pucerons, dont la généagenèse est bien plus simple que celle des méduses et des intestinaux, etc.

dans l'impossibilité de tout dire, nous nous bornerons à rappeler brièvement quelques-uns des faits les plus curieux que nous présentent les principaux groupes du règne animal, et, sans nous astreindre rigoureusement à la classification de M. van Beneden, nous suivrons les cadres zoologiques. — En procédant ainsi, nous resterons fidèles à l'ordre adopté dans les autres parties de ce travail. En outre nous mettrons par là en pleine lumière un résultat qui a bien son importance : nous montrerons les phénomènes se compliquant progressivement à mesure que l'on descend davantage l'échelle des êtres, comme si la simplification même des organismes obligeait la nature à multiplier quelques-uns des actes nécessaires pour en assurer la reproduction.

Constatons d'abord qu'aucun animal vertébré ne se reproduit par généagenèse, et que ce mode de multiplication est extrêmement rare chez les invertébrés à organisation élevée. Dans la classe des insectes, où les espèces se comptent par cent mille, nous n'en connaissons encore qu'un petit nombre d'exemples, indépendamment de celui que présentent les pucerons (1). Un des plus remarquables est celui que

(1) Avec MM. Owen, Steenstrup, van Beneden, Carus, etc., j'ai regardé la reproduction agame des pucerons comme due à un phénomène de gemmation interne. Les recherches de ces naturalistes démontrent en effet que les corps reproducteurs qui se développent pendant l'été dans les pucerons privés d'ailes sont de simples bourgeons caducs. Un savant allemand bien connu par d'importants travaux, M. Leydig, a cru reconnaître que ces corps sont de véritables œufs qui écloraient dans le sein de la mère.

M. Filippi a découvert chez un hyménoptère de la famille des ptéromaliens, qu'il a appelés *Ophioneurus* (1). Comme un grand nombre de ses proches parents, cet insecte dépose ses œufs dans l'œuf même d'un petit coléoptère (2) qui fait beaucoup de mal aux vignes, en rongeant les bourgeons et en roulant les feuilles pour y déposer ses œufs (*rynchites betuleti*). De l'œuf du ptéromalien sort un animal assez semblable à un infusoire, transparent, à structure presque homogène, présentant en arrière quelques anneaux hérissés de poils et une longue queue qu'il agite avec vivacité. A l'intérieur de cette fausse larve germe lentement une sorte de ver armé de deux mâchoires, qui envahit peu à peu tout le premier animal, puis repousse l'espèce de tégument formé de

Dans ce cas, les pucerons seraient ovovivipares et il s'agirait, non plus de la généagenèse, dont nous parlons en ce moment, mais de la parthénogenèse, dont il sera question plus tard. Mais cette opinion, que semblait appuyer l'observation de Heyden que nous avons rappelée plus haut, a été réfutée par de nouvelles et très-précises observations de MM. Leuckart, Lubbock, et surtout de Huxley, qui seront discutées plus loin.

(1) *Annales des sciences naturelles*, 1851. On sait que l'ordre des hyménoptères renferme tous les insectes à quatre ailes membraneuses qui se rapprochent de l'abeille. Les ptéromaliens forment une famille dans cet ordre. Les observations de Filippi sur le sujet dont il s'agit furent d'abord contestées. Ce savant les a confirmées par de nouvelles recherches dans son *Troisième mémoire sur l'histoire genésique des Trématodes* (*Mémoires de l'Académie des sciences de Turin*, 1857).

(2) Les coléoptères, vulgairement *scarabés*, ont une seule paire d'ailes membraneuses recouvertes, à l'état de repos, par des *élytres* cornées.

11.

la dépouille de son parent, et se change alors en nymphe pour devenir bientôt un insecte parfait. — On voit qu'il s'agit encore ici d'un cas des plus simples. Le scolex produit directement le proglottis, mais celui-ci n'arrive à l'état parfait qu'en subissant une métamorphose.

Si nous rapportons ce fait particulier à ce qui se passe chez les papillons, nous pourrons dire : De l'œuf est sortie une chenille nue, qui a produit par bourgeonnement interne une chenille velue, laquelle s'est transformée d'abord en chrysalide et plus tard en papillon.

Des cinq classes composant le sous-embranchement des annelés supérieurs ou *annelés à pieds articulés*, deux seulement, les insectes et les crustacés paraissent se reproduire par généagenèse; encore chez les derniers ne connaît-on d'autre exemple que celui des daphnies (1); on n'a du moins encore rien observé de semblable chez les myriapodes, les arachnides, ou les cirrhipèdes.

Ce phénomène se rencontre au contraire chez un grand nombre de vers, c'est-à-dire chez les annelés inférieurs. Sans parler des helminthes, dont l'histoire mérite d'être traitée à part, nous le voyons se montrer chez des annélides, chez des némertiens,

---

(1) L'origine et le développement des corps reproducteurs des daphnies a été fort bien décrit et avec beaucoup de détails par M. John Lubbock dans un excellent travail dont j'examinerai plus loin les conclusions. (*On Account of the two methods of reproduction in Daphnia and of the structure of the Ephippium,* — *Philosophical Transactions,* 1857.)

chez des naïs, petits vers aquatiques voisins des vers de terre, etc.

Dans tous les groupes que je viens de nommer, la généagenèse revêt des caractères particuliers. Elle est depuis longtemps connue sous le nom de *génération fissipare*, ou simplement de *fissiparité*. Ici l'animal se coupe de lui-même en deux, d'ordinaire par le travers. — Chez quelques planaires et certaines naïs, la division a lieu sans préparation apparente, et chaque moitié, ainsi isolée, se complète en produisant par bourgeonnement la queue ou la tête qui lui manque. Pendant plusieurs générations, les individus produits de la sorte sont neutres aussi bien que le parent; puis, sous l'empire de conditions encore inconnues, les sexes se montrent, et l'espèce se propage de nouveau par œuf. — Chez un petit némertien, que j'ai souvent trouvé aux environs de Paris, les choses se passent à peu près ainsi; seulement la tête de l'*individu fils* se forme avant la séparation de celui-ci.

Il en est encore de même chez les myrianes et les syllis. Chez ces annélides, l'animal, ainsi créé de toutes pièces, germe et grandit entre le dernier et l'avant-dernier anneau du corps. On voit parfois chez les premières jusqu'à six individus placés bout à bout, et composant une sorte de chapelet dont le fil serait représenté par l'intestin qui passe de l'un à l'autre (1). Dans les syllis, je n'ai jamais trouvé qu'un

(1) *Mémoire sur l'Embryogénie des Annélides*, par M. Milne Edwards, *Annales des sciences naturelles*, 1845.

seul individu, mais en revanche il est chargé de fonctions bien importantes. C'est toujours lui, et lui seul, qui est mâle ou femelle. Le parent reste neutre (1).

Pour en revenir à notre comparaison habituelle, on voit qu'ici l'œuf du papillon aurait produit une chenille unique, laquelle se diviserait spontanément pour engendrer de nouveaux individus; mais que ces derniers seraient tantôt d'autres chenilles semblables à la première, et dont au moins un certain nombre deviendrait tôt ou tard papillons, tantôt des papillons au grand complet, qui resteraient quelque temps enchaînés à leur mère, battant de l'aile pour s'échapper et n'y parvenant que plus tard.

Il nous reste peu de chose à dire de l'embranchement des mollusques. Aucun *mollusque proprement dit* ne présente le phénomène qui nous occupe. Dans le sous-embranchement des *molluscoïdes*, la généagenèse paraît au contraire la règle générale. Tous ces animaux sont plus ou moins voisins soit des ascidies, soit des biphores; ils doivent se reproduire par des procédés analogues, et ce que nous savons de leur histoire justifie cette présomption.

(1) *Mémoire sur la Génération alternante chez les Syllis,* — *Annales des sciences naturelles,* 1844. — *Souvenirs d'un naturaliste.*

CHAPITRE XVII

Phénomènes de généagenèse chez les rayonnés.

Dans l'embranchement des rayonnés, la classe des échinodermes (oursins, holoturies, etc.), celle des acalèphes (orties de mer), et celle des polypes exigeraient chacune de longs développements, si nous nous voulions faire connaître en détail les phénomènes si variés et parfois si complexes de leur reproduction. La généagenèse se montre ici à tous les degrés. — En outre, comme dans bien d'autres cas, l'étude embryogénique, en nous révélant des merveilles inattendues, a éclairé d'un jour tout nouveau l'histoire de tous ces êtres et modifié sur bien des points les opinions reçues. Déjà nous avons parlé de l'hydre et des aurélies. Citons encore quelques faits à l'appui de cette assertion.

Parmi les polypes qui, sous la forme d'arbrisseaux ou de petites plantes, tapissent les rochers et même les fucus de nos côtes, prenons pour exemple cette jolie *campanulaire géniculée* dont Lowen a suivi avec tant de patience le curieux développement (1); mais

(1) *Observations sur le Développement et les Métamorphoses des genres campanulaire et syncoryne.* Ce travail, publié d'abord en

interprétons d'ors et déjà, grâce aux travaux de Steenstrup et de ses successeurs, les résultats obtenus par le naturaliste suédois (1).

De l'œuf de cette campanulaire sort une larve ciliée qui se fixe sur un corps solide, s'épate, et ressemble alors à un petit gâteau creusé d'une cavité. Au centre de celle-ci, se forme un amas de granulations qui grandit peu à peu et s'allonge en tige droite, creuse, qui bientôt se couvre d'un étui corné transparent. Un courant intérieur règne dans le canal de cette tige, et, accumulant des granules nourriciers à l'extrémité, y développe un véritable bourgeon. Celui-ci s'organise peu à peu et prend d'abord la forme d'une cloche renversée, fermée par une membrane cornée. La matière vivante qui en tapisse l'intérieur se détache bientôt et forme une sorte de bouton conique, sur lequel poussent des tentacules ; enfin, au centre de ces derniers, s'ouvre un orifice, une véritable bouche semblable à celle de l'hydre. Le premier polype est alors complet ; il brise la membrane tendue en avant de sa cellule et se développe au dehors comme une fleur qui vient de rompre son calice.

Ce premier individu est toujours un *polype nourricier;* il est neutre et exclusivement chargé de chasser pour lui et pour ses frères futurs. Ceux-ci se montrent successivement, toujours d'abord sous

suédois, a été traduit en allemand et en français. — *Annales des sciences naturelles,* 1811.

(1) *Ueber den Generationswechsel.*

la forme de bourgeons, et parcourent les mêmes phases, si bien qu'au bout de quelque temps, la colonie ressemble à une petite plante assez régulièrement coudée en zigzag, portant à chacun de ses angles, à l'extrémité d'un court pédicule, un de ces polypes chasseurs.

A ce moment, de nouveaux bourgeons se montrent à l'aisselle des polypes, entre les rameaux et le tronc du polypier. Ces bourgeons ressemblent d'abord aux premiers, mais ils tiennent à un pédicule beaucoup plus court, et ils deviennent beaucoup plus grands. La cellule qui en résulte est cinq ou six fois plus vaste que celles dont nous avons parlé, et le tube vivant qui remplit toutes les ramifications du polypier la traverse d'un bout à l'autre. — C'est sur les côtés de cet axe que germent dans des espèces de loges les *polypes reproducteurs* à qui seuls revient le soin d'assurer la propagation de l'espèce.

Chacun de ces nouveaux venus présente presque au moment de son apparition un ou deux œufsbien caractérisés, qui grandissent en même temps que lui-même, éclosent dans son intérieur et deviennent autant de larves ciliées. Dès que celles-ci ont atteint un certain développement, les polypes percent la membrane capsulaire pour s'épanouir au dehors. Ils ressemblent alors à une méduse dépourvue d'appareil digestif, et celui-ci leur serait en effet inutile. Restés en communication avec les parties vivantes du polypier, ils profitent de la nourriture qu'apportent à la communauté leurs frères à longs tentacules. —D'ailleurs leur vie est courte. Les larves ne tardent pas à s'échapper pour aller fonder au loin de nouvelles colonies; et leur rôle une fois joué, les polypes mères se flétrissent sur place et sont peu à peu résorbés.

Quoique paraissant d'abord en différer beaucoup, ces faits se rattachent de très-près à ce que nous avons vu se passer dans les aurélies.

Dans les deux cas, nous voyons sortir de l'œuf une larve ciliée, un scolex. Toutefois chez la campanulaire le premier polype résulte non d'une simple métamorphose, mais bien d'un véritable bourgeonnement, qui produit un être très-différent du premier. Il y a donc ici une seconde génération de scolex, un *deutoscolex*, qui se multiplie sous sa nouvelle forme. Le polypier qui en résulte est en quelque sorte un *deutoscolex* composé, lequel engendre le *strobila*, représenté par la capsule renfermant plusieurs polypes reproducteurs. Enfin ces derniers polypes, qui portent des œufs dans leur sein, sont autant de *proglottis* correspondant aux petites méduses qui se transforment en aurélies et à ces dernières elles-mêmes; seulement ils doivent vivre et se flétrir sans avoir jamais mené une vie indépendante.

Les rapprochements que nous venons de faire sembleront peut-être discutables aux personnes qui ne connaissent pas l'ensemble des faits; mais qu'on parcoure seulement les principaux travaux publiés par MM. Ehrenberg (1), Krohn, Kœlliker, Dalyell,

______

(1) *Corallenthiere des Rothen Meeres,* 1834.

Dujardin (1), Derbès, et l'on ne conservera guère de doute à cet égard. Qu'on lise attentivement les grands mémoires de M. van Beneden sur les campanulaires et les tubulaires (2), et, malgré des erreurs de détermination depuis longtemps rectifiées par l'auteur lui-même, on verra les faits en apparence les plus éloignés irrécusablement rattachés les uns aux autres par une foule de faits intermédiaires.

Dans cette étude un des résultats généraux qu'il est bon d'indiquer tout d'abord, est d'avoir mis hors de doute l'extrême variété des phénomènes.

Chez ces animaux placés au bas de l'échelle, la nature semble dédaigner l'uniformité des lois embryogéniques si remarquables dans les groupes supérieurs. On trouve dans un même genre et d'une espèce à l'autre les différences les plus sensibles. — Nous venons de voir avec Löwen la méduse proglottis d'une campanulaire rester fixée au polype qui l'a engendrée, et voilà que dans une autre espèce, la *campanulaire gélatineuse*, M. Desor nous montre l'animal, parvenu à la même phase, brisant la capsule reproductrice et s'échappant pour nager dans le liquide où il se métamorphosera plus tard (3). — Le

(1) *Mémoire sur le Développement des Méduses et des Polypes hydraires*, 1845, *Annales des sciences naturelles*. J'ai fait connaître avec quelque détail les résultats principaux de ce beau travail dans mes *Souvenirs d'un Naturaliste*.

(2) *Mémoires de l'Académie de Bruxelles*, 1843 et 1844.

(3) *Lettre sur la Génération médusipare des Polypes hydraires*, 1849, *Annales des sciences naturelles*. Je regrette de ne pouvoir reproduire ici bien des passages de ce mémoire, en particulier de ·

même observateur signale des branches du polypier qui se chargent exclusivement de polypes reproducteurs femelles, tandis que d'autres ne portent que des polypes reproducteurs mâles. — En un mot, plus on avance dans ce champ de découvertes, plus il semble s'agrandir et présenter à chaque pas de nouveaux aspects. Essayons d'en faire passer quelques-uns sous les yeux de nos lecteurs.

De ce qui précède on peut déjà conclure que les rapports des polypes avec les acalèphes sont bien plus intimes qu'on ne le croyait il y a quinze à vingt ans à peine. Les recherches les plus récentes tendent à diminuer encore la distance primitivement établie entre ces deux classes. En voici un exemple :

Au nombre des êtres les plus merveilleux que nourrissent les eaux salées, il faut placer les stéphanomies, véritables guirlandes animées, aux fleurs d'émail, aux filaments de cristal, pressés sur un axe transparent que surmonte une vessie remplie d'air et servant de *flotteur* à ces singuliers organismes.

ne pouvoir exposer les différences qui existent entre les observations de M. Desor et celles de M. Saars, relativement au développement des aurélies. M. Desor a vu entre autres les proglottis, c'est-à-dire les méduses bien caractérisées, se former par bourgeonnement à l'intérieur du scyphistoma, c'est-à-dire à l'intérieur de la méduse encore à l'état hydraire, et sortir empilés par la bouche du polype, qui persiste après leur séparation totale. Comme il s'agit ici de faits simples et d'une observation aisée, il me semble que les deux naturalistes pourraient bien avoir raison, et qu'une différence d'espèces suffit pour expliquer leurs apparentes contradictions.

Ces êtres étranges peuvent être pris pour type d'un groupe que Cuvier créa sous le nom d'*acalèphes hydrostatiques*, et que le naturaliste allemand Escholtz appela plus tard *siphonophores*. Bien longtemps les zoologistes sont restés dans le doute sur la nature de ces animaux. MM. Vogt (1) et Leuckart (2), ramenés par un examen attentif aux idées de notre célèbre voyageur naturaliste Lesueur, proposèrent, il y a peu d'années, de les regarder comme des polypes composés, et cette manière de voir a été pleinement confirmée, surtout par les travaux de MM. Huxley (3), Kœlliker (4), Geyenbaur (5), Vogt (6), et par nos propres recherches (7).

Nous devons dès lors nous attendre à retrouver chez les siphonophores les divers modes de reproduction signalés plus haut. Tel est en effet le résultat

(1) *Ocean Und Midlmeer*, 1848.

(2) *Mémoire sur la Structure des Physalies et des Siphonophores en général*, 1851, traduit dans les *Annales des sciences naturelles*, 1852. Ce premier mémoire de Leuckart avait été fait sur des animaux conservés dans l'alcool. L'auteur l'a depuis complété et étendu dans un nouveau travail qui forme la première partie de ses *Zoologische Untersuchungen*, 1853.

(3) Sur la structure des acalèphes, journal *l'Institut*, 1851.

(4) *Die Schwimmpolypen oder Siphonophoren von Messina* 1853.

(5) *Beitræge zur nähren Kenntniss der Schwimmpolypen*, 1854.

(6) *Recherches sur les Animaux inférieurs de la Méditerranée*, premier mémoire *sur les Siphonophores de la mer de Nice*, 1854.

(7) *Mémoire sur l'organisation des Physalies*, Annales des sciences naturelles, 1854.

de cet ensemble d'ivestigations. Là aussi la généagenèse se montre dans tout son développement,
mais aussi dans toute sa variété. Toutefois son dernier terme paraît être presque toujours un animal
médusiforme, à existence tantôt prolongée et tantôt
passagère, à organisation souvent fort simple et
d'autres fois plus complexe, tantôt libre comme
dans l'aurélie, tantôt fixe comme chez les campanulaires de Löwen, et qui seul acquiert les attributs
du sexe mâle ou femelle, qui seul se reproduit par
œufs. — Il est, croyons-nous, inutile de recommencer ici le rapprochement déjà tant de fois fait ailleurs, et de comparer ce qui se passe chez les
siphonophores aux simples métamorphoses des
papillons.

A voir cette multiplicité de phénomènes rentrant
tous dans le même cadre, on pourrait être tenté de
croire que la généagenèse avec toutes les complications auxquelles elle se porte est une règle générale
dans les groupes que nous venons d'énumérer : que
tous les polypes sont de jeunes acalèphes, tous les
acalèphes des polypes ayant atteint leur dernier
terme de développement. Mais, on ne saurait trop
le redire, dans ce monde des animaux inférieurs il
faut y regarder bien des fois avant de généraliser.
MM. Krohn et Lacaze du Thiers ont montré que certains médusaires et certains polypes se reproduisent
directement et par simple métamorphose. Le premier a constaté que la larve de la *Pélagie noctiluque*
devient un acalèphe sans passer par la forme poly-

piaire (1); le second a montré que les actinies, le corail et quelques genres voisins ne donnent pas naissance à des méduses (2). — Au point où en est la science, ces exceptions bien constatées ont autant de valeur que la découverte d'une nouvelle série de phénomènes généagenétiques.

Au delà des acalèphes et des polypes, nous ne trouvons plus que des animaux de nature encore quelque peu douteuse, les infusoires, les éponges, réunis sous le nom de *rayonnés globuleux*. — Ici encore nous rencontrons la généagenèse, nous constatons la mise en œuvre de ses procédés. Malheureusement les observations à faire pour suivre un animal dans les phases d'existence de plus en plus compliquées, présentent ici des difficultés trop souvent insurmontables, par suite de l'extrême petitesse des êtres qu'il s'agit d'étudier. Essayons toutefois de dégager les résultats généraux les mieux acquis du milieu des contradictions sans nombre que présentent les écrits des savants les plus spéciaux (3).

(1) *On the earlieststags in the development af Pelagia noctiluca (Annales and magazine of natural History*, 1856).

(2) *Comptes rendus de l'Académie des sciences*, 1859 et 1861. Chez les actinies il n'y a qu'une *métamorphose proprement dite*. Les larves ciliées se transforment en animaux, parfaits et chacune d'elles, provenant d'un seul œuf, ne produit qu'un individu. Dans le corail, la larve ciliée donne naissance à une colonie entière. Il y a donc là *généagenèse*, mais c'est le phénomène réduit à sa plus grande simplicité, puisque la colonie produit directement des œufs et des larves.

(3) Malgré les perfectionnements vraiment admirables apportés au microscope depuis une trentaine d'années, cet instrument est

Les éponges sont certainement des animaux composés, quoiqu'il soit bien difficile, peut-être impossible, de déterminer chez elles l'individu. Ces êtres, encore problématiques aux yeux de quelques naturalistes, possèdent une charpente tantôt cornée comme dans l'éponge usuelle, tantôt calcaire ou siliceuse, et représentée souvent par de simples aiguilles ou des spicules entrelacées. Sur les moindres ramifications de cette espèce de squelette s'étend et se moule une sorte de vernis. Ce vernis n'est autre chose que la matière vivante qui constitue l'animal. Chaque espèce, constante dans ses éléments, est d'ailleurs variable dans sa forme, dans ses proportions, autant qu'un polypier quelconque.

Comme ces derniers, les éponges peuvent multiplier par bouture, par division spontanée même. Les observations de Grant (1), confirmées par MM. Au-

encore loin de suffire aux exigences réelles de cette étude. Pour se rendre compte avec certitude de bien des détails, il faudrait pouvoir observer avec des grossissements de mille à douze cents diamètres tout en conservant la clarté et la netteté de vision que donnent les grossissements de trois à quatre cents diamètres. Sur ce point mes convictions sont restées ce qu'elles étaient il y a vingt ans, époque à laquelle je me suis très-sérieusement occupé de ce groupe. Aussi n'ai-je publié de toutes mes recherches sur ce sujet qu'une courte note adressée, sous forme de lettre, à M. Dujardin, qui l'inséra dans son article *Infusoires* du *Dictionnaire* de d'Orbigny (1846), bien qu'elle ne tendît à rien moins qu'à combattre ses idées fondamentales. Cette note paraît avoir été inconnue de la plupart des naturalistes qui ont écrit depuis sur le même sujet, entre autres à MM. Claparède et Lachmann.

(1) Les travaux de Grant remontent à 1826, et ont paru dans le *New Edinburgh philosophical Journal.*

douin et Milne Edwards, les recherches d'autres naturalistes nous ont appris en outre qu'il s'échappe
de leur intérieur de véritables larves ciliées toutes
semblables à des infusoires. Chez la spongille, espèce d'eau douce, fort commune aux environs de
Paris, et qu'on a prise longtemps pour une plante,
M. Laurent a vu ce mode de reproduction se montrer pendant tout l'été ; mais en automne le tissu de
la spongille se farcit pour ainsi dire de petits corps
arrondis, d'un blanc jaunâtre, enveloppés d'une
coque assez résistante, qu'on regardait autrefois
comme des graines et que Laurent appela des *germes internes*. Ces corps survivent à la destruction
du parenchyme qui les renferme, et se développent
au printemps en autant de spongilles, qui toutes
peuvent en enfanter un certain nombre d'autres
par les procédés indiqués plus haut. La nature des
germes dont nous venons de parler a été longtemps
aussi indécise que leur origine était mal connue.
Dans un travail couronné par l'Académie des sciences, M. Lieberkühn a résolu ce double problème
et constaté des faits plus importants encore (1). Ce

(1) En 1854 l'Académie avait mis au concours la question de
la reproduction et des métamorphoses des infusoires. Le prix
fut partagé entre le travail de M. Lieberkühn et celui que pré-
sentèrent en commun MM. Ed. Claparède et Lachmann. Ce dernier a été publié et forme le tome II des *Études sur les infusoires et les rhisopodes*. Il serait vivement à désirer que celui de
M. Lieberkühn le fût également. — Depuis cette époque M.
Lachmann, un des lauréats, est mort très-jeune encore et M. Claparède lui a consacré une courte notice où l'on sent vivement

naturaliste a retrouvé dans les spongilles les caractères fondamentaux de la distinction des sexes, l'élément mâle et l'élément femelle. Les œufs qu'il a décrits sont nettement caractérisés par l'existence des trois sphères concentriques. Ces œufs d'après Lieberkühn se transforment d'abord en embryons non ciliés. Ceux-ci sont les *graines* des anciens auteurs, les *germes internes* de Laurent, que nous avons vus pouvoir reproduire sur place la spongille. Mais un certain nombre d'entre eux, sinon tous à certaines époques, subissent de nouvelles modifications, se couvrent de cils et vont disséminer au loin l'espèce qui les a produits. Chacun de ces œufs est donc capable de produire non pas un seul, mais bien plusieurs individus procédant indirectement de lui, directement les uns des autres. Par conséquent nous pouvons ranger la spongille et sans doute les éponges en général parmi les animaux qui se propagent par généagenèse.

A plus forte raison, en dirons-nous autant des infusoires.

L'existence des sexes chez les infusoires, la production d'œufs dans ces organismes microscopiques, surtout la présence de l'élément mâle ont été vivement contestés à diverses reprises. Ehrenberg, qui a redécouvert, on peut le dire, le monde des infiniments petits, avait admis ces trois faits

la douleur de l'ami qui a perdu son compagnon d'études, et les regrets du savant qui voit disparaître une belle intelligence avant qu'elle ait donné tout ce qu'elle promettait.

comme résultant de ses observations. Notre habile micrographe F. Dujardin, qui avait fait des infusoires une étude spéciale, et qui regardait ces êtres comme exclusivement composés de sarcode, les rejetait naturellement tous les trois.

Les naturalistes flottaient entre ces deux extrêmes, et il est évident, comme MM. Claparède et Lachmann l'ont justement montré dans leur bel ouvrage, qu'il y avait eu des erreurs et des méprises, parfois étranges, commises par quelques-uns de ceux qui se rapprochaient plus ou moins de la manière de voir d'Ehremberg. Toutefois mes observations personnelles m'avaient de tout temps porté à admettre l'existence de corps reproducteurs jouant le rôle d'œufs et dans lesquels la petitesse seule empêchait de reconnaître bien nettement les trois parties constituantes (1). Aujourd'hui on ne peut plus conserver de doute sur ce point ni sur les autres. Dans ces êtres qui, sous le rapport des dimensions, s'arrêtent aux dernières limites du développement organique, la science moderne, après bien des hésitations, a définitivement constaté l'existence de tous les phénomènes essentiels de la reproduction normale. Comme les mammifères, les oiseaux, les mollusques, comme tous les autres animaux, les infusoires pondent des œufs bien caractérisés par la présence des trois sphères concentriques. Comme chez les autres espèces animales, ces œufs pour être féconds exigent

(1) *Revue des Deux Mondes*, 1856.

12

l'intervention de l'élément paternel, et sous l'influence de ce dernier on voit disparaître la tache germinative et la vésicule , avant que le vitellus ne se transforme en un nouvel animal. — Ces derniers faits étaient à la fois les plus importants et les plus difficiles à constater. En les mettant hors de toute discussion, en les faisant accepter par ceux mêmes qui paraissaient le moins portés à admettre chez les infusoires l'existence de la reproduction normale, un jeune naturaliste français, M. Balbiani, a rendu, on peut le dire, à la physiologie générale un service des plus signalés (1).

(1) Avant les publications de M. Balbiani il n'existait dans la science qu'une ou deux observations bien incomplètes sur ce sujet si délicat. L'une d'elles avait été faite par l'illustre Jean Müller (1856) et signalée dans les mémoires de MM. Lieberkühn, Claparède et Lachmann. Ces deux derniers naturalistes avaient fait peu de temps après des observations analogues (1859). Les uns et les autres avaient vu dans le corps de certaines *Paramécies* des filaments présentant une certaine analogie avec ceux qu'on rencontre dans l'élément fécondateur de tous les animaux. Mais aucun d'eux n'avait déterminé l'organe qui leur donne naissance, aucun d'eux n'avait vu les mouvements caractéristiques de ces corpuscules. Toutefois les uns et les autres admirent dès cette époque comme *possible* l'existence de sexes chez les infusoires, et l'Académie accepta cette conclusion (*Rapport* sur le grand prix des sciences physiques pour l'année 1857, par M. de Quatrefages). M. Balbiani a montré que les sexes étaient réunis chez les infusoires ; que les corps énigmatiques appelés par Siebold le *nucleus* et le *nucléole* étaient en réalité des organes de reproduction, bien caractérisés par leurs produits différents ; il a décrit les modifications subies par l'un et par l'autre quand ils entrent en fonction ; il a constaté les changements qui se passent dans l'œuf après la fécondation. J'ai pu vérifier une partie des faits annoncés par M. Balbiani. Au reste, M. Claparède, dans les notes

Mais ce n'est pas seulement par œufs que se reproduisent les infusoires ; c'est même chez eux, selon toute apparence, le mode de propagation le plus rare, en ce sens qu'il n'apparaît qu'après d'autres ; et ceux-ci ont été connus bien longtemps avant lui. Dès 1765, Charles de Saussure avait reconnu chez eux, comme moyen de reproduction habituel, le fait si étrange d'une *division spontanée* d'où résultaient deux individus bientôt entièrement semblables à l'individu unique qui leur avait donné naissance (1). Les observations modernes n'ont fait que préciser davantage ces premières notions, et, par exemple, Siebold, Stein, etc., ont constaté que le *nucleus* et le *nucléole*, c'est-à-dire les organes reproducteurs de M. Balbiani, se partagent, comme tout le reste, entre

ajoutées en 1860 aux *Études sur les infusoires*, en a accepté toutes les conséquences, et tout en rappelant les observations précédentes, il a hautement rendu justice aux résultats si remarquables dus à M. Balbiani. Les notes de ce dernier ont paru dans les *Comptes rendus* (1858-1860), dans le *Journal de la physiologie de l'homme et des animaux ;* la plupart ont été réunies en un volume intitulé : *Recherches sur les phénomènes sexuels des Infusoires,* 1861. De son côté Stein, à qui l'histoire des infusoires doit de si beaux et de si nombreux travaux, paraît être arrivé à des résultats concordant avec ceux de M. Balbiani (*Claparède*), mais j'ai le regret de ne pas connaître l'ouvrage qu'il publie en ce moment.

(1) Cet auteur est le premier qui ait regardé la fissiparité comme un mode habituel de reproduction (Dujardin *Histoire des infusoires*). Mais Tremblay avait fait 12 ans avant des observations précises sur les vorticellines et les stentors (*Études sur les infusoires*). MM. Ed. Claparède et Lachmann ont donné dans leur ouvrage des détails très-précis sur le mécanisme de ce mode de reproduction.

deux fils dont chacun est la moitié de son parent.

Les infusoires se propagent encore par *gemmation externe* à la manière des hydres (1). Ils présentent en outre le phénomène de la *gemmation interne* comme les pucerons. Chez eux, comme chez ces insectes, c'est sur l'organe qui doit à un moment donné produire les œufs (*nucleus*), et souvent à ses dépens, que se forme l'embryon. Siébold a le premier signalé ce fait important (2). Mais on ne pouvait encore en comprendre toute la valeur, et l'observation de Siébold était oubliée, lorsque MM. Focke, Cohn et Stein publièrent les leurs qui furent au contraire accueillies avec un vif intérêt (3). Le dernier surtout par la multiplicité de ses recherches nous a presque autorisé à conclure que ce mode de reproduction est aussi général chez les infusoires que celui de la fissiparité.

Toutefois il faut ici se mettre en garde contre diverses causes d'erreur. Parfois certains organes d'un infusoire ou le corps même presque en entier sont envahis par des parasites. Ces étrangers au moment de leur sortie ont été considérés comme les enfants de

(1) Ce fait est connu depuis longtemps. Spallanzani (1776), et depuis lui un grand nombre d'observateurs, entre autres Ehrenberg et Stein ont étudié ce phénomène. MM. Claparède et Lachmann ont ajouté de nouveaux faits à ceux qu'avaient découverts leurs prédécesseurs.

(2) *Helminthologische Beitræge*, — *Wiegmann's Archiv.*, 1835.

(3) Pour tout cet historique je ne puis mieux faire que de renvoyer à l'ouvrage de MM. Claparède et Lachmann à qui j'emprunte la plus grande partie des détails rapidement indiqués dans le texte.

l'animal qui en réalité avait été leur victime (1). D'autre part, les découvertes de M. Balbiani nécessiteront, ce me semble, la révision de bien des faits attribués à la gemmation interne. Peut-être trouvera-t-on dans certains cas que les fragments de nucleus, regardés jusqu'ici comme destinés à s'organiser de toute pièce en embryons, passent en réalité par l'état d'œufs, lesquels éclosent ensuite dans le sein de la mère, comme chez tous ces animaux vivipares.

Que l'embryon provienne directement de l'ovaire ou qu'il résulte des transformations d'un œuf produit par celui-ci, toujours est-il qu'au moment où il quitte sa mère, il ne lui ressemble pas et doit subir des métamorphoses. En quoi consistent celles-ci ? Ici malheureusement abondent les incertitudes, les contradictions, et ce qu'on pouvait croire le plus certain il y a quelques années se trouve aujourd'hui remis en question ou reconnu être erroné.

En comparant ce qu'avaient décrit, chacun de leur côté, MM. les docteurs Pineau (2), Pouchet (3),

---

(1) MM. Claparède et Lachmann ont rappelé et fait connaître un certain nombre de ces faits de parasitisme ; M. Balbiani a aussi attiré l'attention sur cet ordre d'idées, par une note dans laquelle il montre qu'on a pris pour des embryons formés par gemmation interne des *acinètes parasites* qui s'introduisent dans le corps de divers infusoires, et surtout dans celui des *paramécies*. Le naturaliste français trouve dans ce fait un nouvel argument contre la théorie de Stein (*la reproduction par acinète des Infusoires*), déjà justement combattue par MM. Claparède et Lachmann (*Comptes rendus*, 1860).

(2) *Annales des sciences naturelles*, 1845-1848.

(3) *L'Institut*, 1849.

12.

Stein (1); en n'admettant comme vrais que les faits sur lesquels ces observateurs paraissaient s'accorder, on était conduit à regarder les changements de forme comme déjà nombreux. En rattachant quelques-uns de ces faits à ceux qu'avait fait connaître M. Jules Haime (2), on voyait ces changements se multiplier encore, et les infusoires pouvaient être regardés comme le groupe où les métamorphoses d'une même espèce étaient le plus multipliées. Telle est en effet l'opinion que j'exprimai dans mes premières études sur ces questions compliquées; mais les faits découverts depuis cette époque, entre autres ceux qu'ont fait connaître MM. Claparède, Lachmann et Balbiani ont dû la modifier.

Toutefois les deux premiers auteurs, que je viens de citer ne vont-ils pas à l'autre extrême? A leurs yeux les métamorphoses des infusoires ciliés en général sont probablement fort simples. L'embryon très-peu différent du parent n'a qu'à subir des modifications légères pour atteindre à ses formes définitives (3).

---

(1) Les premières recherches de M. Stein remontent à 1849; elles ont paru dans divers journaux allemands et ont été reproduites en partie dans les *Annales des sciences naturelles*.

(2) *Observations sur les Métamorphoses et l'Organisation de la Trichoda lynceus (Aspidisca lynceus*, Ehrenberg). — *Ann. des Sc. naturelles*, 1853.

(3) MM. Cienkowski, Claparède, Lachmann et d'Udekem ont suivi ces embryons d'acinétiniens dans toutes leurs transformations, mais aucun d'eux n'a encore étendu le même genre de recherches à d'autres groupes (*Études sur les infusoires*).

Cette conclusion est au moins prématurée. Elle repose exclusivement sur un fort petit nombre de faits recueillis par quatre observateurs dans *un seul groupe* très-restreint de cette classe si nombreuse. Est-il probable que dans tous les choses se pressent de la même manière? Il y aurait là une exception bien étrange à ce que nous avons vu exister ailleurs. Tout ce que nous savons des insectes, des mollusques, des rayonnés, du groupe si restreint des batraciens lui-même, autorise à penser que, chez les infusoires, les métamorphoses doivent présenter des phénomènes de complication très-divers et qu'il s'agit de découvrir.

Les observations de Jules Haime sur *l'aspidisque lyncée* (*aspidisca lynceus*) viennent à l'appui de cette manière de voir. Je sais bien qu'elles sont déclarées inexactes d'un bout à l'autre par M. Claparède; mais ce savant ne paraît pas même avoir cherché à les répéter, et quelque absolu que soit son verdict de condamnation on ne peut évidemment y souscrire avant qu'il ait donné au moins quelques preuves à l'appui (1).

(1) Dans une note de quatre lignes ajoutée en 1860 au bel ouvrage que j'ai tant de fois cité, M. Claparède s'exprime ainsi en parlant du travail de J Haime: « Il y a évidemment là une série de confusions dont le résultat a été le rapprochement d'organismes qui n'ont absolument rien à faire les uns avec les autres. » C'est exactement ce que j'ai entendu dire des premières recherches de Küchenmeister et de van Beneden, sur les métamorphoses des intestinaux. On sait ce qu'il est advenu de cette condamnation trop hâtée. — Il m'est difficile de croire que le travail de Jules Haime soit aussi à dé-

D'après Jules Haime l'infusoire décrit sous le nom d'*oxytrique gibbeux* (*oxytrica gibba*) n'est autre chose qu'une forme transitoire et l'on voit que pour en arriver là, elle a dû déjà subir d'autres transformations (1). Quoi qu'il en soit, Haime a vu l'oxytrique se reproduire par fissiparité ; puis il a reconnu qu'à un moment donné les individus ainsi produits deviennent de plus en plus lents dans leurs mouvements, se contractent, perdent leurs cils et s'enkistent dans une coque flexible sécrétée par les téguments. A cette époque, l'oxytrique n'est plus qu'une

daigner que le pense M. Claparède. On sait avec quelle consience travaillait ce jeune savant, et je sais personnellement que le mémoire dont il s'agit l'a occupé fort longtemps ; qu'il a pris les précautions les plus minutieuses pour isoler les objets de ses observations ; pour se mettre à l'abri de toutes les chances d'erreurs. Tant de soins et de peines n'ont-ils abouti qu'à une *série de confusions?* Certes, en pareille matière la chose est possible. L'histoire de la science en général, celle de la micrographie en particulier, ne nous apprennent que trop qu'il peut en être ainsi. Mais il eût été de simple justice de commencer par chercher à s'en assurer, et c'est ce que ne paraît pas avoir fait M. Claparède, car nulle part il ne parle de ses observations contradictoires, et certes il n'eût pas manqué de les faire connaitre.

Jules Haime n'est plus là pour se défendre. Lui aussi a été enlevé prématurément, laissant à tous ceux qui l'ont connu, ou qui ont seulement étudié ses travaux déjà considérables et portant sur plusieurs branches de l'histoire naturelle, la conviction que sa mort a été pour la science une perte des plus sérieuses. En défendant ici un travail qui lui a coûté beaucoup de temps et de soins, je ne fais que remplir un devoir. C'est ce que comprendra mieux que personne l'ancien ami de Lachmann.

(1) D'après M. Pineau les oxytriques seraient le résultat de la métamorphose de certaines vorticelles, mais ce fait aurait grand besoin d'être constaté de nouveau.

petite masse de matière vivante, sans trace aucune d'organisation, et renfermée dans une sphère d'environ trois centièmes de millimètre en diamètre. A l'intérieur de cette masse se passent des mouvements insaisissables à l'œil, mais reconnaissables à leurs effets.

A diverses reprises, des granulations irrégulières sortent de cette espèce de boule; un petit vide se forme à l'intérieur, et des cils vibratiles commencent à se montrer; de nouvelles expulsions ont lieu; la masse intérieure se partage en deux portions, dont une seule est vivante, et bientôt le nouvel être, abandonnant la partie morte, sort de sa prison temporaire avec les caractères d'un infusoire ovoïde ayant à peine un tiers de la longeur de l'oxytrique. Dans cet état, il appartient au genre *loxode* des naturalistes classificateurs. Après avoir vécu quelque temps sous cette forme, il se remet en boule; une abondante sécrétion s'échappe de tout son corps, puis la bouche apparaît comme une petite échancrure; un poil proportionnellement très-fort, très-gros, pousse à côté d'elle; quatre ou cinq se montrent en arrière; le corps bombé en dessus, presque plat en dessous, se couvre de grosses bosselures , et l'infusoire se meut avec une rapidité extrême, tantôt nageant à l'aide de ses cils, tantôt marchant sur ses poils, qui lui servent de pattes. Sous cette forme, si différente de celles qu'il avait présentées jusqu'ici, l'oxytrique a été décrit et figuré comme étant l'aspidisque lyncée (*trichoda lynceus*), des anciens auteurs.

En terminant son mémoire, Haime se demande si la forme d'aspidisque est la dernière que doive revêtir l'oxytrique qui a servi de point de départ. Il est permis d'en douter avec lui. Cet observateur si exact n'a pu retrouver dans ses aspidisques lyncée les *corps reproducteurs* aujourd'hui acceptés comme de vrais œufs par M. Claparède lui-même. Or, de ce que nous avons vu précédemment, de ce que nous verrons mieux encore, il résulte qu'un animal à métamorphoses ne doit être considéré comme adulte que lorsqu'il présente nettement caractérisés les attributs des sexes. Cette règle me semble aujourd'hui devoir être acceptée comme *absolue*. Elle doit s'appliquer aux infusoires comme aux autres animaux. Par conséquent les aspidisques, non plus que les autres espèces, ne pourront être regardés définitivement comme des animaux parfaits que lorsqu'on aura constaté chez eux la présence de ces attributs (1).

Quoi qu'il en soit de ces incertitudes que le temps et l'étude dissiperont, la science a déjà des faits suffisants pour affirmer qu'il existe chez les infusoires de véritables métamorphoses, des cycles de transformation, des phénomènes de généagenèse. Les premières sont parfois très-simples. Empruntons par exemple à MM. Claparède et Lachmann l'histoire de celles que présente la *Vorticelle tubéreuse* de Müller

---

(1) Je sais bien qu'en m'exprimant ainsi, je demande la révision de presque toute la classe. Mais, de nos jours surtout, la science ne doit pas reculer devant de semblables travaux.

(*Podophrya quadripartita*, Cl. et Lach.) une des plus élégantes espèces du groupe des *Acinétiniens*.

Cette vorticelle, ou podophrye, est un animal fixé. Son corps ressemble assez à une pyramide quadrangulaire à arêtes très-arrondies. Le sommet se prolonge en un pédicule hyalin au moins deux fois aussi long que le corps, solidement attaché à un corps quelconque. La base de la pyramide porte à chacun de ses angles une sorte de mamelon d'où sortent plusieurs filaments terminés en apparence par de petits boutons. Ces filaments sont à la fois en réalité autant de bras et de bouches toujours tendus comme des rayons autour de l'animal. Un infusoire parfois même bien plus volumineux et plus fort vient-il à passer à portée, il est aussitôt saisi, enlacé par ces filaments qui tout à l'heure semblaient être si roides; les boutons terminaux , véritables suçoirs, s'appliquent par divers points sur son corps ; et, si cette proie est assez faible pour pouvoir être sucée sur place, le microscope permet d'apercevoir les granulations qui passent de son corps dans celui de la podophrye (1).

Cet infusoire produit tantôt un grand nombre d'embryons très-petits, tantôt un embryon unique, mais beaucoup plus gros (2). Celui-ci, au moment de

(1) Je reproduis ici sans hésiter, mais en les abrégeant, les détails donnés par MM. Claparède et Lachmann, car sans aller tout à fait aussi loin qu'eux j'avais observé des faits entièrement analogues.

(2) Le premier cas me semble être un de ces faits sujets à révision qui pourraient se rattacher à une véritable ovoviviparité.

sa sortie, ressemble à un petit corps transparent, ovoïde, étranglé par le milieu et portant à ce point une sorte de ceinture formée de plusieurs rangs de cils vibratiles. A l'aide de cet appareil, il nage d'abord dans le liquide avec une rapidité singulière, mais au bout de quelques minutes, cette course vagabonde se ralentit. La *larve* s'arrête parfois comme si elle cherchait un gîte et bientôt elle se fixe définitivement. Ses cils désormais inutiles disparaissent; les suçoirs commencent à faire saillie; le pédicule se montre et s'allonge rapidement. En quatre heures, la podophrye a acquis ses formes définitives et n'a plus qu'à grandir.

Si tout était fini pour l'individu que nous venons de suivre depuis sa naissance il n'y aurait ici qu'une simple métamorphose. Mais la podophrye ainsi formée va produire de nouveaux individus par division spontanée et par bourgeonnement (1), et voilà la généagenèse qui apparaît avec tous ses caractères.

Les podophryes sont des animaux simples. Mais chez les infusoires comme chez les zoophytes, il existe de nombreuses espèces vivant en colonies et couvrant d'arbuscules micoscropiques la partie immergée des plantes aquatiques, la coquille de mollusques d'eau douce ou salée, qui voyagent chargés de cette mousse vivante. Voyons comment les choses se passent dans l'*Épistylis plicatile* par exemple (*Epistlis*

---

(1) **MM**. Claparède et Lachmann ont les premiers signalés ce dernier mode de reproduction pour l'espèce dont il s'agit.

plicatilis) une des espèces les plus communes, les mieux connues, et qu'ont spécialement étudiée les deux habiles micrographes à qui nous avons tant à emprunter.

Du corps d'un de ces animaux est sorti un embryon, *une larve*, allongée, presque cylindrique, munie, à sa ceinture, de cils locomoteurs. Perdue dans ces quelques gouttes d'eau qui sont pour elle et pour l'œil armé du microscope un véritable océan, que devient-elle? L'observation directe fait ici défaut, mais avec MM. Claparède et Lachmann nous dirons : *il est plus que probable* qu'elle se conduit comme la larve des podophryes; qu'elle va se fixer sur un point convenable et se métamorphose en un épistylis simple d'abord.

A ce moment, la larve a pris une forme conique plus ou moins allongée; son extrémité légèrement évasée est garnie d'un bourrelet circulaire échancré dans le voisinage de la bouche; une bande de cils vibratiles couronne le bord intérieur de ce bourrelet et, par ses mouvements, fait naître dans le liquide des courants qui amènent jusqu'à la bouche de l'infusoire les corpuscules dont il se nourrit. Le corps est d'ailleurs porté sur une tige droite cylindrique évasée à sa base, semblable à un petit tube du plus pur cristal.

Mais notre épistylis ne doit pas rester longtemps isolée; et, chez elle, ce n'est pas seulement par *bourgeonnement*, comme chez les campanulaires, que se formeront les nouveaux membres de la future colonie, c'est aussi par *fissiparité*. L'individu unique, résultant de la métamorphose de la larve, se partage lui-même en deux de haut en bas; chacune des deux moitiés reste fixée à la tige primitive, se complète sur place et pousse en arrière une tigelle qui s'allonge de plus en plus. On dirait alors une fourche dont chaque dent serait terminée par un être animé. Bientôt chacun de ceux-ci se partage à son tour de la même manière et ainsi de suite jusqu'à ce que la première épistylis soit devenue un petit arbre de cristal à divisions parfaitement régulières et dont tous les rameaux atteignent exactement la même hauteur (1).

Les individus ainsi formés par divisions ne sont pas tous destinés à vivre constamment immobiles. On voit parfois, chez certains d'entre eux, la partie postérieure du corps s'étrangler; un sillon circulaire se creuse peu à peu et ses bords se garnissent de longs cils vibratiles; la division devient de plus en plus profonde, et enfin l'épistylis se détache de sa tige comme un fruit mûr. Mais ce n'est pas pour tomber au pied de l'arbuscule qui la portait. Grâce à l'appareil locomoteur qu'il possède en arrière, cet individu nage avec autant de facilité que le faisait l'embryon cilié. Toutefois, il quitte assez promptement cette vie errante, se fixe de nouveau, perd ses cils postérieurs, déploie son appareil buccal jusque-là

(1) Aussi a-t-on, à diverses reprises, comparé les bouquet d'épistylis aux fleurs qui présentent l'inflorescence en corymbe.

soigneusement replié, et bientôt, soulevé par une nouvelle tige qui s'est développée en arrière, il devient le point de départ d'une nouvelle colonie (1).

Si nous faisions l'histoire des infusoires, nous aurions encore bien des choses à dire sur l'*enkystement* (2), sur la *conjugaison* (3). Ces deux phénomènes

(1) En parlant de la formation des tiges d'épistylis, la plupart des auteurs emploient des expressions qui semblent supposer que ces tiges ne participent en rien à la vie qui anime les individus. Je crois, au contraire, que cette tige est vivante. A l'appui de cette manière de voir, je rappellerai seulement qu'elle est le siége de phénomènes qu'on ne saurait expliquer sans cela. Tel est l'accroissement en diamètre aussi bien qu'en longueur, l'élargissement de la base, l'apparition du canal central décrit par MM. Claparède et Lachmann, et que je me rappelle fort bien avoir observé, etc...

(2) On a désigné sous le nom d'*enkystement* l'acte par lequel un infusoire s'entoure d'une coque solide qu'il sécrète lui-même et qui le met à l'abri des agents extérieurs. Toute cause pouvant agir d'une manière désagréable sur l'animal, et, en particulier, l'évaporation de la goutte d'eau dans laquelle on l'étudie, détermine l'enkystement. Certaines espèces paraissent aussi s'enkyster pour se préparer à la reproduction par division spontanée. Stein a plus particulièrement étudié le phénomène à ce point de vue. Enfin MM. Claparède et Lachmann ont montré que d'autres espèces s'enkystent pour digérer plus tranquillement la proie qu'ils viennent d'avaler. Tel est le cas pour l'*amphileptus meleagris* qui se nourrit aux dépens des épistylis et dont les auteurs que je viens de citer ont fait connaître le singulier mode de chasse.

(3) La *conjugaison* ou *zygose*, découverte par Kœlliker et étudiée depuis par la plupart des micrographes qui se sont occupés des infusoires, est un phénomène par lequel deux ou un plus grand nombre d'individus de même espèce semblent se fondre pour ainsi dire en un seul. M. Balbiani pense qu'il n'y a là qu'une illusion résultant de l'imperfection des instruments et causée par le rapprochement intime qui a lieu au moment de la fécondation réciproque des individus adultes.

se rattachent sans doute au moins dans certains cas à l'ordre d'idées que nous examinons ici; mais parfois aussi ils n'ont avec la reproduction que des rapports éloignés ou accidentels, et nous nous bornerons à les indiquer.

Nous avons réservé, pour en parler en dernier lieu, l'histoire des échinodermes, bien que cette classe, comprenant les holothuries, les oursins, les étoiles de mer, soit justement placée en tête des *rayonnés radiaires* ou *rayonnés supérieurs*. Nous n'avons pas agi ainsi sans motif. Quelques naturalistes ont nié qu'il y eût au fond identité entre les phénomènes que présentent ces animaux et ceux dont nous avons précédemment esquissé le tableau ; d'autres ont exprimé au moins des doutes. Or quiconque aura bien saisi ce que nous entendons par généagenèse, quiconque admettra avec nous que le caractère fondamental, pour ce mode de génération, consiste dans la production de plusieurs individus distincts à l'aide d'un seul germe primitif, n'aura pas même un instant d'hésitation ; mais il comprendra en même temps ce que le développement des échinodermes présente d'exceptionnel par suite des emprunts que le généagenèse semble faire ici aux procédés de la simple métamorphose.

Les faits curieux que nous allons indiquer ont été entrevus par plusieurs personnes seulement depuis quelques années. — Dès 1844, Saars, que l'on trouve presque toujours en tête des naturalistes modernes quand il s'agit du monde marin, fit connaître le développement de deux astéries (*asterias sanguinolenta* et *asteracantion Mulleri*). Il vit ces échinodermes, par une exception bien rare chez des animaux aussi bas placés dans l'échelle, couver en quelque sorte leurs œufs. Il constata qne la larve sortant de ceux-ci ressemble d'abord à un infusoire, et présente ensuite l'apparence d'un animal composé de deux moitiés latérales symétriques, lequel se transformait plus tard en rayonné (1). Un peu après, le célèbre embryogéniste Baër appliquait aux oursins la fécondation artificielle, mais ne parvenait à saisir que les premiers temps du développement (2). Presqu'à la même époque, deux Marseillais, MM. Dufossé (3) et Derbès (4), observaient chez les oursins à peu près les mêmes faits ; mais le second donnait des figures très-différentes de celles de Saars. Deux naturalistes norvégiens, MM. Koren et Danielssen, reconnaissaient à cette époque la bipinnaire porte-étoile (*bipinnaria asterigera*) pour une phase du développement des véritables astéries (5). Enfin l'illustre physiologiste de Berlin, Jean Müller, étudia en 1845 à

(1) *Mémoire sur le développement des astéries*, traduit dans les *Annales des sciences naturelles*, 1844.

(2) *L'Institut*, 1845.

(3) *Observations sur le développement des oursins*, dans les *Annales des sciences naturelles*, 1847.

(4) *Observations sur les phénomènes qui accompagnent la formation de l'embryon chez l'oursin comestible*, 1848, *Annales des sciences naturelles.*

(5) *Observations sur la bipinnaria asterigera*, imprimé en suédois en 1847, traduit la même année en français.

Helgoland les animaux marins de la Mer du Nord, décrivit le plutée paradoxal (*pluteus paradoxus*), poursuivit ses recherches dans la Méditerranée et l'Adriatique, et commença en 1848 une série de publications qui ont ajouté un chapitre de plus à l'histoire du développement des êtres (1).

Comme presque tous ses prédécesseurs, Müller a vu les échinodermes pondre des œufs d'où sortent des larves ciliées (2). D'abord ces larves sont sphériques; puis elles s'allongent, acquièrent une charpente calcaire formée de branches longues et grêles, et prennent les formes les plus bizarres, entre autres celles d'un chevalet de peintre ou d'une double échelle sans barreaux. Des cils vibratiles, tantôt couvrant les bras, tantôt disposés en houppes, servent à à la locomotion de ces singuliers êtres, qui nagent vivement. Tous possèdent un appareil digestif complet, et entre autres un estomac gros et renflé.

(1) *Ueber die Larven und Metamorphose der Echinodermen.* Six fascicules ont paru à divers intervalles. Ils ont été analysés avec beaucoup de soin par M. Dareste dans les *Annales des sciences naturelles*, 1852, 1853.

(2) Ce mode de reproduction n'est pourtant pas général dans la classe des échinodermes. Certaines espèces d'ophiures, animaux très-voisins des astéries, sont ovovivipares. C'est là un fait dont je me suis assuré dès 1842 (*Comptes rendus hebdomadaires de l'Académie des sciences*). J'ai retiré du ventre d'une seule mère jusqu'à six petits parfaitement formés, et qui, placés dans mes vases remplis d'eau de mer, y ont vécu comme s'ils étaient nés naturellement. Les travaux mêmes de mes confrères, qui ont rencontré des phénomènes si différents dans d'autres espèces, donnent, je crois, plus d'importance à cette observation.

C'est sur les parois mêmes de ce dernier viscère et sur l'un des côtés que commence à se montrer le futur échinoderme. — Chez les oursins et les ophiures, il apparaît sous la forme d'un disque circulaire applati, qui semble se mouler sur l'estomac et l'enveloppe bientôt tout entier. En grandissant, ce disque prend un aspect rayonné ; peu à peu, les ambulacres, les piquants, se montrent ; puis la bouche s'ouvre au dehors, toujours sur le côté de la larve. Celle-ci est alors en partie résorbée et en partie laissée de côté quand le nouvel animal est complétement formé. — Chez la plupart des astéries, les choses se passent à peu près de même ; mais chez d'autres, la larve (*tornaria*) est en entier absorbée par l'échinoderme qui a poussé à l'intérieur. — Enfin, chez les holothuries, la couronne de tentacules naît bien sur l'estomac de la larve ; mais la plupart des organes de celle-ci sont directemet utilisés, et, par une simple *transformation*, acquièrent leurs c.-ractères définitifs.

Nous ne pouvons insister ici sur tout ce que ce mode de développement offre de remarquable. Bornons-nous aux considérations qui se rattachent immédiatement à notre sujet (1). De l'œuf d'un oursin sort une espèce d'infusoire qui se métamorphose en

(1) Nous voulons pourtant signaler au moins ce fait si exceptionnel d'un animal destiné à devenir *rayonné*, et qui commence par se caractériser en animal *bilatéral* comme un annelé. C'est la seule exception connue à une règle d'embryogénie sur laquelle nous avons souvent insisté. (*Souvenirs d'un naturaliste.*)

pluteus. A l'intérieur de celui-ci germe un être de nature tout autre. Nous avons là deux générations bien distinctes produites par des procédés différents, quoique devant toutes deux leur existence à un seul germe primitif. — Il y a donc généagenèse.

Mais ce qui distingue ici ce phénomène, ce sont les emprunts que la seconde génération fait à la première. — Dans toutes les espèces que nous avons étudiées précédemment, le bourgeon ne prend au parent que des matériaux de croissance ; il se fait nourrir, mais il tend de plus en plus à s'isoler. Que la chose se passe à l'extérieur, comme chez les polypes, ou à l'intérieur, comme chez les biphores, le phénomène reste le même. Chez les échinodermes au contraire, le bourgeon, en grandissant, englobe des organes tout faits et se les approprie. Dans son ensemble, l'animal pousse par *généagenèse* ; mais l'estomac chez les oursins et les ophiures, l'appareil digestif tout entier et d'autres organes encore chez les holothuries, n'ont à subir qu'une simple *métamorphose*.

Le développement des échinodermes constitue donc un véritable chaînon qui réunit ces deux ordres de faits et empêche un de ces *sauts* qui semblent répugner si fort à la nature (1).

(1) M. Édouard Claparède est arrivé, en ce qui touche les échinodermes, à une conclusion à peu près semblable à celle qu'on vient de lire, bien que nous nous soyons placés l'un et l'autre à un point de vue très-différent (*Bibliothèque de Genève*, 1855).

CHAPITRE XVIII

De la généagenèse chez les helminthes ou vers intestinaux (1). — Génération spontanée.

Les animaux dont nous avons parlé jusqu'à présent ont de quoi intéresser tout d'abord l'homme du monde aussi bien que le naturaliste. Les fleurs vivantes d'un polypier, la guirlande d'une stéphano-

(1) Dans sa séance du 22 mars 1852, l'Académie des sciences avait mis au concours pour le grand prix des sciences physiques à décerner en 1853 la question suivante : « Faire connaître par des observations et des expériences le mode de développement des vers intestinaux et de leur transmission d'un animal à un autre ; appliquer à la détermination de leurs affinités naturelles les faits anatomiques et physiologiques ainsi constatés. » Les difficultés extrêmes que présentait cette question, le peu de temps accordé pour la résoudre, pouvaient faire redouter l'absence de tout concurrent ; mais deux naturalistes préparés de longue main répondirent à l'appel de l'Académie. MM. van Bénéden, professeur de zoologie à l'université de Louvain, et Küchenmeister, médecin à Zittau, envoyèrent, le premier un véritable ouvrage, où l'histoire des helminthes était traitée sous presque tous ses rapports et qu'accompagnait un atlas contenant près de mille figures originales, — le second un mémoire très-important également accompagné de planches. Sur un rapport très-développé que j'eus à faire au nom de la commission chargée de juger ce concours, l'Académie décerna à M. van Bénéden le prix et à M. Küchenmeister une mention très-honorable. Elle décida en outre que l'ouvrage de M. van Bénéden serait imprimé à ses frais. Il a paru sous le titre de *Mémoire sur les vers intestinaux*, 1858.

13.

mie attirent le regard de la jeune fille comme celui du savant. Il nous faut maintenant parler d'êtres bien différents, et dont le nom seul soulève une sorte de répulsion instinctive. Que le lecteur veuille bien nous suivre pourtant; nous lui épargnerons les détails trop techniques, tout en cherchant à faire connaître quelques points d'une histoire qui touche aux plus importantes questions de la physiologie générale et philosophique.

Jusqu'à ces dernières années, on avait exclusivement réservé le nom d'helminthes ou d'intestinaux à des vers cachés dans l'intérieur du corps d'autres animaux. Aujourd'hui il n'en est plus ainsi. On a reconnu que ces parasites internes ont au dehors de très-proches parents. Les némertes et les planaires tiennent de fort près aux *trématodes*, dont il sera question tout à l'heure. Ces affinités récemment reconnues ont fait placer les helminthes non plus avec les rayonnés, parmi lesquels Cuvier les avait relégués, mais à la suite des annélides. Par conséquent, à vouloir rester fidèle aux cadres zoologiques, nous aurions dû déjà nous occuper de ces êtres étranges, mais il nous a paru préférable de leur consacrer un chapitre spécial. Le genre de vie exceptionnel de la plupart d'entre eux, les phénomènes si complexes de leur développement, le jour inattendu que l'étude des helminthes a jeté sur quelques-uns des plus obscurs problèmes de la science, justifieront suffisamment cette dérogation à l'ordre suivi partout ailleurs dans ce travail.

Au point de vue où nous sommes placé, les helminthes à vie extérieure et indépendante n'offrent aucun intérêt spécial : les espèces parasites seules doivent nous occuper. Ces dernières ont été divisées en un certain nombre de groupes parmi lesquels nous choisirons les *trématodes*, les *cestoïdes* et les *cystiques*.

Les premiers sont des animaux en général d'une petite taille, plats et pourvus d'ordinaire d'une ou plusieurs ventouses qui leur servent à se fixer à la manière des sangsues. La *douve du foie*, si commune chez les moutons, peut donner une idée de ce groupe. — Les seconds, dont les *ténias*, improprement nommés *vers solitaires*, peuvent être regardés comme le type, atteignent parfois une longueur de plusieurs mètres. Chez ces vers, ce qu'on appelle le corps se compose d'articulations aplaties, très-petites et peu marquées en avant, puis de plus en plus larges et distinctes. Un bouton arrondi, tantôt garni de ventouses, tantôt armé de crochets, surmonte la partie la plus grêle de cette espèce de ruban festonné. C'est ce bouton que l'on nomme la tête. — Enfin la plupart des vers cystiques ressemblent à de petites vessies portant sur quelques points de leur surface une ou plusieurs têtes de ténia surmontant un pédicule très-court. — Les cestoïdes n'habitent guère que le tube digestif ; les trématodes se trouvent dans presque tous les viscères ; les cystiques semblent préférer les tissus eux-mêmes, et on les rencontre au milieu des muscles, au centre du cerveau, etc.

Tous ces vers, on le voit, ne se nourrissent et, qui plus est, ne respirent que par l'intermédiaire de l'animal qui les renferme. — De ce fait nous pouvons tirer dès à présent une conséquence fort importante, et qui trouvera plus loin son application.

Toute espèce animale ayant sa nourriture propre, sa température spéciale, ses liquides particuliers, il s'ensuit que chacune d'elles présente un ensemble de conditions différentes et par conséquent constitue pour les helminthes un petit monde à part. Ces parasites devront donc se répartir selon les exigences de leur nature propre et ne pourront habiter indifféremment dans tous les animaux. — L'expérience confirme ces inductions de la théorie. Chaque espèce animale pour ainsi dire nourrit ses helminthes particuliers. A vouloir faire l'énumération complète de tous ces parasites, il faudrait passer en revue la création entière et fouiller à fond tous les autres animaux.

Mais d'où viennent ces êtres étranges qui envahissent parfois par myriades les viscères et les tissus, pénètrent jusque dans la boîte du crâne et dans la cavité même des yeux? Destinés à une vie tout exceptionelle et pour ainsi dire de seconde main, est-il possible qu'ils naissent et se propagent comme les autres animaux, comme ceux-là mêmes dont ils ne sont à vrai dire que des appendices parasitaires? — Répondre à ces questions, c'est toucher à une autre bien plus générale, et que la science de tous les temps a transmise d'âge en âge à notre siècle, qui seul pouvait en aborder la solution.

La puissance créatrice qui a donné naissance aux êtres vivants est-elle épuisée, ou bien agit-elle encore aujourd'hui à la surface de notre globe ? En d'autres termes, le phénomène appelé *génération équivoque* ou *spontanée* est-il une réalité ?

On sait comment répondaient les anciens. Pour eux, tout corps en putréfaction engendrait de nouveaux organismes, et la fable d'Aristée n'était que l'application spéciale d'une doctrine générale. Ces idées universellement adoptées se propagèrent jusqu'à nos jours. Il fallut les expériences et les observations de Rédi, de Vallisnieri, pour démontrer aux savants du dix-septième et du dix-huitième siècle que les larves d'insectes n'étaient pas un produit de la décomposition.

A partir de ce moment, des notions plus justes sur l'origine de bien des êtres commencèrent à se faire jour, et les partisans de la génération spontanée perdirent du terrain. Pourtant ils ne se tinrent pas pour battus et restreignirent seulement le champ d'application de leurs doctrines. Or, à mesure que la science faisait des progrès, ce champ se rétrécissait de plus en plus. Alors ils se divisèrent. — Les uns, parmi lesquels nous citerons Lamarck, Burdach, Dugès, continuèrent à regarder les agens physiques, la chaleur, la lumière, l'électricité, comme suffisants pour organiser et animer la matière brute de façon à la transformer en êtres vivants. Les autres, au nombres desquels on compte Rédi lui-même, Rudolphi, Morren, Oken, Nordmann, admirent que dans les êtres organisés et vivants les forces plastiques peuvent éprouver une sorte de déviation, d'où résultent de nouveaux êtres, très-différents des premiers. Pour eux, par exemple, les parcelles du vitellus d'un mollusque, isolées par le travail du framboisément, donnent directement naissance à une espèce d'infusoire; les aliments, digérés sous l'influence de la vie, se transforment en ténia; certains sucs, destinés à renouveler les fibres musculaires, s'organisent en cysticerques... etc. (1).

(1) M. Pouchet et les quelques naturalistes qui se font encore aujourd'hui, *au nom du progrès*, les défenseurs de ces anciennes idées, tiennent en quelque sorte le milieu. M. Pouchet n'admet pas la formation d'un animal organisé de toutes pièces. Il croit que la *force plastique* fonctionnant avec le concours des forces physico-chimiques organise d'abord une *pellicule proligère qui, dans la génération spontanée, représente exactement l'ovaire de la génération normale.* C'est dans cette pellicule et à ses dépens que se produit un *ovule spontané. (Hétérogénie ou Traité de la génération spontanée*, 1859.) Il y a là une modification de doctrine plus apparente que réelle. L'*organisation spontanée* d'un *ovaire* ou d'un *ovule* est, au point de vue physiologique, un phénomène exactement du même ordre que *l'organisation spontanée d'un animal parfait.* Ce dernier fait n'aurait rien ni de plus étrange à mes yeux, ni certainement de plus difficile pour les *forces plastiques et physico-chimiques* que le premier. M. Pouchet rejette d'ailleurs absolument, restreint considérablement ou déclare au moins très-douteux tous les faits contraires à sa théorie. Par exemple, il ne croit pas encore aux migrations et transformations des vers intestinaux, pas plus qu'il n'admet l'exactitude des expériences si précises et si concluantes de M. Pasteur. En agissant ainsi, il est en désaccord avec la presque universalité des naturalistes et avec tous les physiciens et chimistes dont 'ai pu connaître l'opinion.

De ces deux opinions, la première s'appuie particulièrement sur des faits empruntés à l'histoire des infusoires, la seconde sur l'existence des vers intestinaux. Peut-être un jour traiterons-nous avec détail cette grande question de la génération spontanée, et montrerons-nous comment les expériences de Schwan et de Henle ont démontré le transport des germes (1) dans les infusions que ne protégeaient pas les perfectionnements dus à la science moderne; comment les expériences de M. Pasteur, en confirmant de tout point celles de ses devanciers, en révélant des faits nouveaux, ont répondu aux dernières chicanes des *hétérogénistes ;* comment la découverte des éléments mâles et femelles chez les infusoires vient compléter cet ensemble de preuves. — Bornons-nous aujourd'hui à constater que les germes disséminés par l'air engendrent seuls les animalcules végétaux ou les microscopiques que Spallanzani et tant d'autres ont crus produits de toutes pièces; que ces germes ont été recueillis et décrits par divers observateurs; que M. Pasteur les a recueillis et semés comme on sème du grain, et que la moitié des arguments invoqués en faveur de la

(1) Il va sans dire qu'ici le mot de germe n'a nullement l'acception que lui donnaient les partisans de l'évolution et les panspermistes de l'école de Bonnet. Cette expression générale est employée ici pour désigner les corps reproducteurs de quelque nature qu'ils soient, pouvant donner lieu à l'apparition, dans le liquide mis en expérience, de végétaux ou d'animaux. (Spores et cellules végétales, œufs, kystes d'infusoires, animaux desséchés et pouvant revivre dans l'eau... etc.)

génération spontanée sont par là même anéantis.

Restent ceux que l'on emprunte à l'histoire des helminthes et surtout à l'isolement de certaines espèces, à l'absence chez elles d'appareil reproducteur, à leur existence dans les cavités closes et jusque dans l'intimité des tissus. Ces arguments sont-ils mieux fondés que les autres, et, par une exception désormais reconnue pour être unique, certains helminthes, sinon tous, naissent-ils spontanément là où les rencontre le scalpel ?

C'est de l'embryogénie seule qu'on pouvait attendre une réponse à cette question, et depuis plusieurs années bien des efforts avaient été tentés pour résoudre cette dernière difficulté.

En France F. Dujardin, en Allemagne MM. Bojanus, Baër, Kœlliker, Nordmann, Siebold, Wagner, etc., avaient découvert des faits nombreux et importants, mais isolés. Pas un helminthe n'avait été suivi, même dans les premiers temps de son évolution. A chaque instant, on se heurtait à des espèces agames, et pour expliquer leur existence c'est à peine si, il y a vingt ans, les naturalistes les plus hardis admettaient qu'il pourrait bien y avoir ici à tenir compte de métamorphoses comparables à celles des insectes (1).

Voici où en était la science vers 1840. On ne savait absolument rien de l'embryogénie des cystiques ni

____

(1) Les observations de M. Ch. de Siebold sur le monostome changeant (*monostomum mutabile*) datent de 1835. Ce sont elles qui ont ouvert la voie à un ensemble de découvertes déjà considérable, et qui s'accroît chaque jour.

des cestoïdes. Quant aux trématodes, on disait :
dans les viscères des mollusques d'eau douce se
produisent, on ne sait comment, des *sporocystes*,
espèces d'enveloppes vivantes pourvues d'un tube
digestif parfaitement caractérisé, mais toujours dé-
pourvues d'organes reproducteurs. — Les sporocystes produisent à la fois de nouveaux corps semblables à eux-mêmes et des germes qui se développent
en *cercaires*, animaux ayant à peu près la forme de
têtards, pouvant vivre librement dans l'eau, mais tou
jours également neutres. Ces cercaires sont les *parasites nécessaires* des sporocystes. Après s'être développés à l'intérieur de ces derniers, les cercaires en
rompent les parois, s'enkystent à peu près comme
les insectes diptères dont nous avons parlé dans un
chapitre précédent, et terminent leur courte existence dans la prison dont elles se sont entourées.

On voit que, d'après cette façon d'interpréter les
faits observés, un animal sans sexe, venu on ne sait
d'où, produisait par gemmation à la fois des êtres
semblables à lui et des êtres d'une nature toute différente, lesquels ne se seraient jamais propagés directement. — Il est inutile de faire ressortir ce qu'avaient
de vague et d'évidemment incomplet de semblables
notions.

Par sa théorie de la génération alternante, Steenstrup porta le flambeau au milieu de ces ténèbres,
qui semblaient s'épaissir par suite même des efforts
tentés pour les dissiper. Fort des recherches de ses
devanciers et des siennes propres, il rangea franche-

ment les distomes, helminthes du groupe des trématodes, à côté des corynes et des méduses sous
le rapport du mode de reproduction. Le savant danois montra, dans les corps étranges qu'on désignait
sous le nom de *sporocystes*, de véritables *nourrices de
trématodes*, dans les *cercaires* les larves de ces mêmes
trématodes. A partir de ce moment, l'histoire de
ce groupe commença à s'éclaircir. En 1850, M. van
Bénéden fit imprimer un mémoire fort important
dans lequel, en s'appuyant sur l'observation directe,
il annonçait que les vers cystiques ne sont autre chose
que des scolex de cestoïdes (1). Peu après M. Küchenmeister publia ses premières expériences, et démontra expérimentalement ce fait si important et si nouveau. En 1853, ces deux auteurs, répondant à l'appel
de l'Académie des sciences, complétèrent leurs recherches précédentes en conservant chacun son point
de vue particulier, et sur bien des points essentiels
ils se confirmèrent l'un l'autre. En outre, M. van
Bénéden aborda l'étude des trématodes et de quelques
autres groupes. Depuis cette époque, de nouveaux
faits se sont produits. MM. Gastaldi (2), Filippi (3),

(1) *Les Vers cestoïdes ou acotyles considérés sous le rapport de
leur classification, de leur anatomie et de leur développement.*

(2) *Cenni sopra alcuni nuovi elminti della rana esculenta,*
1854.

(3) *Mémoire pour servir à l'histoire génétique des trématodes*
dans les *Mémoires de l'Académie de Turin,* 1854. Ce mémoire a
été reproduit dans les *Annales des sciences naturelles,* quatrième série, t. II. — Deuxième mémoire sur le même sujet, 1855.
— Troisième mémoire sur le même sujet, 1857.

Siebold (1), Moulinié (2)... etc., ont ajouté à ce que nous savions sur les distomes; MM. Lewald, Siebold, Wagener (3), van Bénéden, Leuckart, de La Valette, etc., ont répété et étendu les expériences de M. Küchenmeister, et, grâce à l'ensemble de ces travaux, nous pouvons aujourd'hui tracer, sinon l'histoire particulière de chaque espèce, du moins l'histoire générale de ces êtres, naguère encore si mystérieux.

Parlons d'abord des trématodes, et prenons pour exemples quelques unes de ces espèces voisines du *monostome changeant* ou du *distome militaire* (4), qui ont été l'objet des études de MM. de Siebold et van Bénéden.

La description générale des trématodes, que nous avons donnée tout à l'heure, suffit pour qu'on ait une idée de ces animaux. On peut se les figurer comme de petites sangsues, vivant à l'intérieur de certains mollusques d'eau douce. Or, dans le corps même de ces helminthes, on trouve des centaines d'œufs dont le vitellus a déjà subi ses premières *transformations* et est devenu une larve ciliée. Celle-

(1) *Mémoire sur le leucochloridium*, 1854. — *Mémoire sur la reproduction des helminthes en général.* 1854, traduit dans les *Annales des sciences naturelles*, 1855.

(2) *De la reproduction chez les trématodes endo-parasites* dans les *Mémoires de l'Institut genevois*, 1856.

(3) *Die Entwicklung der Cestoden nach eigenen Untersuchungen*, 1854.

(4) Les distomes et les monostomes sont des *genres* appartenant à l'*ordre* des trématodes.

ci quitte ses enveloppes, et, mise en liberté, arrive dans le corps d'un mollusque par un moyen quelconque. — Là, elle se fixe, semble se décomposer, et laisse à sa place un très-petit corps ovoïde qui a germé dans son intérieur.

Ce corps, considéré comme un *parasite nécessaire* par les auteurs allemands, comme un *organe énigmatique* par F. Dujardin, grandit, s'allonge, et acquiert en arrière deux appendices latéraux. C'est là le *sporocyste* de Baër, la *rédie* de Filippi (1). A ses mouvements et souvent à son appareil digestif bien caractérisé, pourvu d'un œsophage musculeux et d'un intestin bifurqué, il est impossible de ne pas le reconnaître pour un animal. — Cet animal étrange n'a pas d'organe reproducteur ; en revanche toute la surface interne de son corps est susceptible de produire des germes. Ceux-ci tombent dans la cavité générale à l'intérieur de laquelle ils ont pris naissance, se développent, et deviennent tantôt des sporocystes semblables au premier et tantôt des *cercaires*.

Les cercaires, longtemps prises pour des infusoires, ressemblent à de petits têtards, au corps ovale, armé d'une longue queue servant à la natation. Chez

(1) M. de Filippi a proposé avec raison de distinguer ces êtres de transition par des noms différents, selon qu'ils présentent une organisation plus ou moins complexe, ou bien qu'ils ne sont en quelque sorte qu'un sac animé. Il a proposé pour les premiers le nom de *Rédies*, et il conserve la désignation de *Sporocystes* aux seconds. Cette distinction a été adoptée par M. Moulinié, qui a montré qu'elle se rattachait à des modes différents de formation. (*De la reproduction des trématodes endo-parasites*, 1856).

elles, l'organisation se complique et tend à se compléter. A un tube digestif, dont la forme rappelle déjà celle du futur distome, viennent s'ajouter des organes sécréteurs, des crochets, etc., mais on ne trouve encore aucune trace d'appareil reproducteur.

Quand elles ont pris tout leur accroissement, les cercaires rompent les parois du sporocyste où elles sont nées et se répandent dans l'eau, où elles vivent quelque temps à la façon des infusoires. Puis vient pour elles le temps de la métamorphose. — Elles s'attachent alors à quelque mollusque, pénètrent dans son intérieur, perdent leur queue et s'enkystent à peu près comme les stratiomes, dont nous avons fait l'histoire en racontant les métamorphoses des insectes. Leur organisme devient le siége d'un travail de refonte comparable en tout point à celui dont nous avons parlé à propos de ces diptères, et dont le résultat le plus remarquable est l'apparition d'un double appareil de reproduction. Peu à peu le distome acquiert tous ses caractères, et bientôt il ne lui reste qu'à rompre sa coque pour mener la vie étrange à laquelle il est destinée (1).

Il est impossible de ne pas reconnaître ici tous les caractères de la généagenèse la plus franche, mais compliquée de phénomènes qui sont du ressort de la métamorphose proprement dite.

---

(1) D'après Steenstrup, les cercaires resteraient de neuf à dix mois dans leur kyste avant de revêtir leurs formes définitives.

De chaque œuf sort une larve ciliée produisant par gemmation interne un sporocyste. — Celui-ci, par le même procédé, engendre à la fois de nouveaux sporocystes et des cercaires, c'est-à-dire des *générations* à développement tantôt moins, tantôt plus avancé. Chaque cercaire passe en outre par des états comparables à ceux qui caractérisent l'évolution d'un insecte. Elle est d'abord libre et mobile comme la *larve* du stratiome; elle s'enkyste comme cette dernière, et par un procédé très-analogue; elle devient immobile, et passe pour ainsi dire à l'état de chrysalide. — Alors elle subit un remaniement organique comparable à tous égards à celui qui métamorphose la nymphe du diptère en insecte parfait. —Enfin dans les deux cas le terme des changements s'annonce par le développement de l'appareil qui seul assure la reproduction par œufs.

Si nous appliquons à nos trématodes la nomenclature adoptée déjà pour les autres groupes dont nous avons parlé, nous dirons : la larve ciliée est le *scolex* du distome; le sporocyste en est le *strobila*. Chaque cercaire est un *proglottis;* mais ici les proglottis, avant d'arriver à l'état de distome parfait, subissent des métamorphoses proprement dites, toutes semblables à celles des insectes en général, des diptères en particulier.

Une circonstance bien curieuse vient compliquer encore ces phénomènes, déjà si complexes.

Nous avons vu des insectes vivre d'abord dans l'eau à l'état de larves, puis dans l'air, quand des métamorphoses successives les ont amenés à l'état d'animaux parfaits. Selon la période d'existence à laquelle ils sont parvenus, ces insectes habitent donc des milieux, des mondes différents.

Les trématodes présentent des faits tout semblables; seulement les milieux, les mondes par lesquels doit passer l'helminthe pour se placer dans les conditions nécessaires aux progrès de son développement sont autant d'espèces animales distinctes. Il faut qu'il aille de l'une à l'autre, et ces migrations s'accomplissent le plus souvent par un procédé aussi simple qu'inattendu. — Le parasite subit les chances de l'individu qui le porte. Lorsque celui-ci est mangé par quelque autre animal, l'helminthe l'est en même temps et voyage ainsi avec les aliments dont il fait en quelque sorte partie. Suivant qne sa nouvelle habitation convient ou non à sa nature, il meurt et est digéré, ou bien il résiste à l'action dissolvante des liquides qui le baignent, et entre dans une nouvelle phase de développement.

Par exemple, un œuf de distome, tombé sur la feuille de quelque végétal aquatique, est avalé par une limnée ou une paludine; il éclôt à l'intérieur du mollusque et engendre un scolex (*larve ciliée*), qui produit sur place son strobila (*sporocyste*). De celui-ci sortent plusieurs proglottis (*cercaires*) qui d'abord nagent quelque temps autour de l'animal où elles ont pris naissance. Quand arrive le moment de leur métamorphose, celles qui se fixent sur les pierres, les feuilles, etc., ne tardent pas à périr;

mais toujours quelques-unes ont rencontré des larves d'insectes ou des mollusques appropriés à leur nature, ont percé leurs téguments et ont placé leur coque dans des conditions convenables. Elles restent là jusqu'au moment où leur hôte temporaire est à son tour avalé par quelque grenouille ou par quelque oiseau d'étang; et c'est dans ce dernier seulement que le jeune distome acquiert ses caractères définitifs et complète son organisation.

Ces migrations singulières, accomplies par un procédé si bien fait en apparence pour amener la mort des helminthes, se retrouvent chez les cestoïdes et les cystiques. Ici elles ont pu être constatées par des expériences directes; et le résultat de ces expériences a été de montrer que ces deux groupes, presque universellement admis comme distincts jusqu'à ces derniers temps, n'en formaient en réalité qu'un seul; de prouver que les prétendus helminthes cystiques ne représentaient qu'une phase du développement'des cestoïdes. L'honneur d'être arrivé à cette conclusion à la suite d'observations et de recherches poursuivies avec une rare constance appartient à M. van Bénéden; celui de l'avoir démontrée par des expériences précises revient à M. Küchenmeister (1). Grâce aux travaux de ces deux naturalistes, à ceux de leurs imitateurs, nous possédons aujourd'hui du

(1) *Rapport sur le grand prix des sciences physiques pour* 1853, par A. de Quatrefages (*Comptes rendus de l'Académie des sciences,* 1853, et *Annales des Sciences naturelles,* quatrième série, t. Ier.

développement et des migrations de tous ces êtres une histoire générale, accueillie d'abord avec quelque doute, mais que des faits chaque jour plus nombreux nous semblent de plus en plus devoir faire regarder comme l'expression de la vérité.

D'après le naturaliste belge, chaque œuf de ténia donne naissance à un *protoscolex* ayant la forme d'un petit animal à corps presque homogène où l'on ne distingue, à vrai dire, que six crochets, ou mieux six aiguillons très-aigus disposés en trois groupes (1). Les deux aiguillons du milieu, réunis comme une lancette, perforent les tissus placés devant eux; les deux paires latérales, prenant leur point d'appui sur l'ouverture ainsi pratiquée et se rabattant en arrière, poussent l'embryon en avant, à peu près comme les bras d'un homme qui se hisserait à travers une trappe étroite. Ces jeunes cestoïdes cheminent ainsi devant eux par une impulsion tout instinctive. — Il en périt toujours un grand nombre en route, mais quelques-uns arrivent jusque dans l'organe qui leur convient, et là ils se transforment en une vésicule sur laquelle germent par généagenèse des têtes de ténia qui sont autant de *deutoscolex* (2).

(1) Notice sur le *ténia dispar* et sur la manière dont les embryons de cestoïdes pénètrent à travers les tissus. — *Bulletin de l'Académie royale de Belgique*, 1854.

(2) Dans ce tableau du développement des cestoïdes, dont le fond appartient incontestablement à M. van Bénéden, nous réunissons le résultat des recherches de ce savant aux résultats obtenus par M. Küchenmeister. C'est ce dernier qui a vu les vésicules d'abord simples donner naissance par gemmation à des têtes de ténia.

14

Quand l'animal où se sont passés ces premiers phénomènes est mangé par un autre, la vésicule disparaît, les têtes de ténia restent isolées, et alors en arrière de chacune d'elles se développe le cestoïde proprement dit. — Celui-ci est d'abord lisse; mais bientôt il se segmente, et chaque segment est en réalité un animal, un individu distinct réunissant les deux sexes. Quand ce segment est suffisamment développé, quand son appareil reproducteur est rempli d'œufs fécondés, il se détache, est expulsé au dehors et ne tarde pas à mourir. Les milliers d'œufs qu'il renfermait, entraînés par les vents, mêlés à la poussière, sont disséminés en tout sens. L'immense majorité périt. Un bien petit nombre de ces germes seulement est avalé par quelque animal dont l'organisation se prête à leur développement, et chacun d'eux devient le point de départ d'un nouveau cycle de transformations et de migrations.

On voit que les ténias, regardés jusqu'à ce jour par la majorité des helminthologiste comme des animaux simples, sont en réalité non-seulement des animaux composés, mais encore de véritables *strobila*, et que chacun de leurs prétendus articles est un *proglottis*.

Bien des expériences ont confirmé ces vues du savant de Louvain.

Prenons pour exemple le cœnure cérébral (*cœnurus cerebralis*). — Cet helminthe, connu depuis bien longtemps, était regardé comme se développant, on ne savait par quel procédé, au milieu même de la substance du cerveau des moutons. C'est la présence de cet hôte incommode qui détermine chez nos bêtes à laine la maladie connue sous le nom de *tournis*. Le cœnure ressemble à une ampoule demi-transparente, remplie de liquide et ayant parfois la grosseur d'un œuf. Sur sa surface et en continuité de tissu avec ses parois, on trouve un nombre variable de têtes très-semblables à celle d'un ténia — Le cœnure est donc un cystique. — Chez lui pas plus que chez toutes les espèces de cet ordre, on n'aperçoit la moindre trace d'appareil reproducteur. Comment donc peut-il se multiplier ?

C'est le problème qu'a résolu M. Küchenmeister. Guidé par ses expériences antérieures il a fait manger des cœnures à un chien, et bientôt dans les intestins de ce dernier il a trouvé un ténia qui jusqu'à ce jour, au dire de l'auteur, n'aurait été rencontré que chez le loup (1). Puis, quand ce dernier hel-

---

. (1) La détermination des espèces ainsi obtenues présente parfois quelques obscurités qui n'ont pu être encore entièrement dissipées, et sur lesquelles M. Valenciennes a insisté avec une autorité que je suis le premier à reconnaître (*Comptes rendus de l'Académie des sciences*, 1854); mais ces difficultés de détail n'ont infirmé en rien les résultats généraux dont j'ai cherché à donner une idée, et les migrations, les transformations des cestoïdes sont aujourd'hui un fait aussi clairement démontré qu'il est universellement accepté. Parmi les travaux qui ont contribué à mettre hors de doute ces faits si importants, je citerai les recherches persévérantes des deux auteurs que je viens de citer; les divers travaux de Siebold et en particulier deux mémoires traduits en français dans les *Annales des sciences naturelles* (1851 et 1852); le remarquable mémoire de Wagener, *Die Entwicklung der Cestoden*, publié dans les *Mémoires de l'Académie de Breslau*, 1854 ; celui minthe a été bien développé, l'expérimentateur a donné à des moutons des segments de ce ténia dont les œufs montraient déjà les embryons à six crochets. Au bout de quelques jours, ces moutons ont été attaqués du tournis. On les a tués alors, on leur a ouvert le crâne, et on a trouvé dans leur cerveau des cœnures à divers degrés de développement. — En réalité, M. Küchenmeister avait semé des ténias dans le chien en lui donnant des cœnures, et des cœnures dans les montons en leur donnant des segments mûrs de ténia.

Les partisans de la génération spontanée disaient : — Comment expliquer, en dehors de cette doctrine, l'existence de tant d'intestinaux, toujours dépourvus d'organes reproducteurs et apparaissant au cœur même de nos tissus, dans les muscles (*cysticerque*), dans le cerveau (*cœnure*) ? Grâce aux travaux des habiles naturalistes dont nous avons raconté trop succinctement les recherches, nous pouvons aujour-

de M. Baillet intitulé : *Expériences sur le cysticercus tenuicollis et sur le ténia qui en résulte*, 1861 ; le travail de M. Kœberlé, *Des cysticerques de ténia chez l'homme*, 1861..., etc.

Rappelons encore que les expériences ont porté non-seulement sur les animaux, mais sur l'homme lui-même. Leuckart a expérimenté sur des malades qui se prêtaient à ses expériences (*Die Blasenbandwürmer und ihre Entwicklung*, 1856.) Küchenmeister a agi sur des condamnés à mort. *Gazette hebdomadaire de médecine et de chirurgie*, 1860.) Le docteur Humbert de Genève à expérimenté sur lui-même et s'est ainsi donné volontairement le ténia (Bertolus, *Dissertation sur les métamorphoses des cestoïdes*, 1856, cité par Kœberlé). Les résultats de toutes ces expériences ont été identiques à ceux qu'avait donnés l'étude des animaux.

d'hui leur répondre : — Toutes ces prétendues espèces agames ne sont que les phases diverses du développement d'espèces sexuées. Déjà dans quelques cas on a suivi les changements de toute sorte que celles-ci subissent pour passer de l'état de germe à l'état d'animal complet, et l'analogie qui se prononce chaque jour davantage autorise à penser qu'il en est de même des autres.

C'est là un résultat des plus importants. Le dernier argument invoqué en faveur des générations équivoques tombe pour ne plus se relever, et nous pouvons répéter avec toute certitude le magnifique aphorisme de Harvey : — Tout être vivant vient d'un œuf. Les phénomènes de la généagenèse masquent, sans jamais l'altérer au fond, cette grande vérité. C'est ce que nous espérons démontrer pleinement dans les dernières parties de ce travail.

CHAPITRE XIX

Théorie de la généagenèse.

L'examen des essais d'interprétation scientifique provoqués par les phénomènes de la généagenèse nous ramène à l'idée première de ces études, à la recherche de la loi commune qui préside aux applications diverses des procédés généraux mis en œuvre dans la formation des êtres et l'entretien indéfini des espèces.

Ces procédés — *transformation, métamorphose, généagenèse,* — ont successivement appelé notre attention. — Aidé de quelques exemples, j'ai pu, sans trop de peine, retrouver les applications de cette loi dans les phénomènes qui caractérisent les deux premiers. Arrivé aux animaux à généagenèse, j'ai dû entrer dans de plus amples détails. Ici, j'avais à initier le lecteur à un ordre de faits généralement peu connus, et pour bien faire comprendre ce qu'ils ont de remarquable et d'exceptionnel, il m'a fallu les suivre jusqu'au plus fort de leur variété et de leur complication. — J'ai maintenant à faire connaître les résultats de la théorie après ceux de l'observation, et pour faciliter l'appréciation des divers systèmes dont la généagenèse a été le point de départ, je dois rappeler en quelques mots les traits essentiels du phénomène.

Dans les espèces à développement généagénétique, l'œuf, comme chez les animaux à transformations et à métamorphoses, se montre au début et produit un être simple. Celui-ci, dépourvu d'appareil reproducteur proprement dit, se multiplie d'abord par bourgeon, par fissiparité... — De ces divers modes de reproduction peuvent résulter des êtres fort différents. — D'ordinaire, mais pas toujours, les individus ainsi engendrés ne ressemblent ni à leurs parents, ni à la progéniture qu'ils enfanteront eux-mêmes. — Au bout d'un certain nombre de générations, le type primitif reparaît, et avec lui reparaissent les attributs des sexes et la reproduction par œufs. — Toutes les générations intermédiaires, développées entre les termes extrêmes de ce cycle, sont *agames*, c'est-à-dire manquent de véritables organes reproducteurs, et se multiplient exclusivement par bouture et par bourgeon interne ou externe.

Voilà les faits : il me reste à montrer comment on les a expliqués à diverses époques.

Au début, on chercha seulement à les rattacher à ce qu'on savait déjà. — Le premier étonnement une fois passé, ceux qui découvrirent chez les animaux la propagation par bourgeonnement, par bouture, etc., se mirent l'esprit en repos par une simple comparaison avec ce qu'ils connaissaient depuis si longtemps dans le règne végétal.

La reproduction des pucerons était plus difficile à faire rentrer dans les règles généralement acceptées. Aussi jusqu'à ces derniers temps a-t-elle donné lieu aux interprétations les plus diverses. — L'anatomie avait démontré qne l'hermaphrodisme, admis momentanément par Réaumur, était une chimère; et, faute de savoir que mettre à la place de cette hypothèse, la plupart des naturalistes se bornaient à constater le fait. Parmi ceux qui voulaient aller plus loin, le plus grand nombre, entre autres deux éminents entomologistes anglais, MM. Kirby et Spence (1), admettaient qu'un seul rapprochement entre les deux sexes suffisait pour féconder toutes les femelles résultant de cette union pendant plusieurs générations. — D'autres, et parmi eux notre habile anatomiste de Saint-Sever, M. Léon Dufour, eurent franchement recours à la génération spontanée pour expliquer ce fait si remarquablement exceptionnel (2). — D'autres enfin, comme M. Morren, adoucissant ce qne cette opinion avait de trop en désaccord avec la science moderne, admirent que la génération se faisait ici par individualisation d'un tissu précédemment organisé (3). — La première de ces interprétations ou bien n'expliquait rien, ou bien supposait l'existence d'un appareil organique complet, lequel

(1) *Introduction to Entomology*.

(2) *Recherches sur les hémiptères*, 1853, *Annales des sciences naturelles*. On sait que M. Léon Dufour, qui a passé sa vie dans une petite ville des Landes, a su, sans quitter sa retraite, faire sur l'anatomie des insectes des travaux promptement devenus classiques.

(3) *Mémoire sur l'émigration du puceron du pêcher (aphis persicæ) et sur les caractères et l'anatomie de cette espéce*, 1836. (*Annales des sciences naturelles.*)

n'existe pas. Quant aux théories qui de près ou de loin se rattachent aux générations spontanées, on sait aujourd'hui qu'elles sont par cela seul inacceptables. — Toutes ces doctrines d'ailleurs s'appliquaient à un cas particulier, regardé jusque-là comme étant sans analogue, et, sans autres raisons, devaient tomber devant la multiplicité et la complication croissante des phénomènes.

En découvrant l'alternance de formes et d'état que présente chaque espèce de biphores, Chamisso, — et c'est là une justice qu'on ne lui a pas assez rendue, — a vu presque toutes les conséquences de ce fait, considéré isolément; mais il ne pouvait aller au delà. — Entre ce mode de reproduction et celui qu'on observe chez les pucerons, les différences extérieures sont trop grandes pour que l'on pût dès l'abord songer à rapprocher ces deux phénomènes.

Les beaux travaux de Saars, de Siebold, de Lœwen, de Dalyel et enfin de Steenstrup, en comblant une partie de l'intervalle, en servant d'intermédiaires, ont seuls permis au dernier de ces naturalistes d'apercevoir des relations jusque-là insaisissables. Encore a-t-il fallu être doué d'un rare esprit de synthèse pour atteindre à ce résultat. — Aussi, quelles qu'aient pu être d'ailleurs les doctrines du naturaliste danois, son livre *sur la Génération alternante* n'en restera pas moins comme une œuvre de la plus haute importance, comme marquant dans l'histoire du développement des êtres vivants une ère toute nouvelle.

Le titre seul de cet ouvrage nous apprend que

l'auteur s'est placé au même point de vue que Chamisso, et qu'il a été frappé surtout par l'alternance des formes que présentent les diverses générations produites par généagenèse. Les premières phrases du livre ne peuvent laisser de doute à cet égard, mais M. Steenstrup ne s'en est pas tenu là. Il a nettement précisé le fait physiologique qui ouvre et ferme le cycle des générations. Ce fait, c'est la réapparition non-seulement des formes primitives, mais encore de tous les caractères tant physiologiques qu'anatomiques ; c'est en particulier la propagation par *œufs fécondés* comme à l'ordinaire. Toutes les recherches postérieures ont confirmé cette conclusion, tirée d'abord d'un assez petit nombre de preuves. Là est encore un des plus vrais, un des plus sérieux mérites de M. Steenstrup.

En effet, de ce résultat, que l'auteur danois présente avec raison comme ressortant de l'observation directe, découlent deux conséquences des plus importantes pour la physiologie générale, et qui me semblent avoir échappé aux savants qui ont traité cette question.

Jusqu'à nos jours, les divers modes de reproduction avaient été considérés comme indépendants les uns des autres, et par suite on leur attribuait une importance *biologiquement* égale. — Qu'il fût œuf, bulbille ou bourgeon, le germe était pour les naturalistes quelque chose de primitif ; l'être auquel il donnait naissance ne datait que de lui. La reproduction gemmipare, au point de vue de la perpétuation des espéces, était donc l'égale de la reproduction par œufs.

Évidemment on se trompait. — Les bourgeons, les bulbilles, quelque apparence qu'ils revêtent, ne sont que le produit plus ou moins médiat d'un œuf préexistant. Celui-ci seul renfermait le germe essentiel, le *germe primaire* de toutes les générations qui découlent de lui. Par conséquent les bourgeons ne sont que des *germes secondaires*, et les êtres résultant de leur développement se rattachent *médiatement* à l'œuf primitif.

Un autre point qui résulte de tous les faits connus jusqu'ici, c'est que la reproduction gemmipare ne suffit pas à perpétuer l'espèce, et, qu'au bout d'un temps déterminé, la reproduction par œufs redevient nécessaire. — Cette dernière est donc seule fondamentale ; c'est une *fonction de premier ordre*. La reproduction par bourgeons n'intervient plus que comme accessoire ; c'est une *fonction subordonnée*.

Nous verrons plus loin tout le jour jeté par ces données bien simples sur le phénomène de la généagenèse.

M. Steenstrup exagéra, il faut bien le dire, ce qu'il y avait de vrai dans ses idées en y cherchant l'interprétation du phénomène en lui-même. Ses doctrines à ce sujet me paraissent franchement hypothétiques. Les phases de la multiplication, ou mieux les générations que nous avons appelées *scolex, strobila*, M. Steenstrup les nomme *grand'nourrices, nourrices*, etc. Ces mots, l'auteur ne les prend pas seulement au figuré, mais bien dans leur sens propre et absolu. — D'après lui, une méduse sous sa forme hydraire a beau produire d'autres polypes, elle n'est pas *mère* pour cela ; elle n'est pas non plus *parent* dans le sens étymologique du mot. Elle ne peut être mère, elle ne peut rien enfanter ; et si elle semble produire des bourgeons, des germes, qui deviendront des êtres semblables à elle, c'est que ces germes lui ont été *confiés* ; c'est qu'elle-même, en *naissant*, les portait avec elle. — Le germe préexiste aux organes dans lesquels il est déposé, au corps sur lequel il se montre, et lui-même provient de l'*individu mère primitif*. — La nourrice *n'a point de progéniture propre* ; elle ne fait qu'*élever une progéniture étrangère* et que sa mère lui a *laissée par héritage* (1).

On voit que nous sommes ici en pleine doctrine de l'*emboîtement des germes*. — Chez les pucerons, dix ou douze générations agames s'interposent parfois entre

(1) Ces idées sont très-nettement exprimées dans l'ouvrage fondamental de Steenstrup et dans sa *Réclamation* publiée en réponse à quelques observations de van Bénéden. Elles le sont peut-être d'une manière plus explicite dans la *Réclamation,* dont j'ai presque copié les termes. — Cette dernière circonstance jointe au passage que je reproduis textuellement à la page suivante, répond au reproche que m'a adressé un des rédacteurs de la *Bibliothèque universelle,* qui suppose que je n'avais pas eu sous les yeux les ouvrages mêmes du savant danois. — Je n'ai rien changé ici à ma rédaction primitive. Je me suis borné à effacer les passages relatifs à des discussions trop vives dont j'avais dû parler quand j'écrivais au moment où elles se produisaient, mais dont je suis heureux de faire disparaître les traces.

deux générations pourvues d'organes reproducteurs, et nous avons vu qu'un seul insecte sorti d'un œuf produit des milliers de millions d'individus. La théorie de Steenstrup conduit donc à admettre que l'œuf renfermait autant de germes emboîtés les uns dans les autres. Cette conclusion inévitable n'est vraiment guère plus acceptable que la panspermie de Bonnet.

M. Steenstrup a cherché à rendre sa pensée plus claire à l'aide d'une comparaison ou même d'une assimilation qui ne me semble guère plus exacte que la pensée même. — Pour lui les *nourrices*, c'est-à-dire les scolex de méduse, de puceron, de biphore, etc., représentent les *neutres* d'une colonie d'abeilles, de guêpes, de termites, etc. ; seulement elles sont placées plus bas dans l'échelle des développements. « Une guêpe femelle, dit-il, isolée et ayant résisté aux rigueurs de l'hiver, construit d'abord quelques loges et pond des œufs, d'où sortent exclusivement des ouvrières. A peine nées, celles-ci se mettent à l'œuvre, élargissent les gâteaux et multiplient les cellules. La mère pond de nouveau, et cette seconde couvée, soignée par les ouvrières déjà venues, ne se compose encore que de neutres. Il en est de même jusqu'à ce que les travailleurs soient en nombre suffisant. Alors seulement, d'un petit nombre d'œufs sortent des mâles et des femelles, qui sont de la part de tous les neutres l'objet des soins les plus tendres. Les mêmes faits se reproduisent, et l'essaim grandit rapidement, chaque couvée d'individus re-

producteurs étant précédée par une ou plusieurs
couvées d'insectes agames destinés à s'occuper d'elle,
   veiller sur les œufs, à récolter la nourriture commune, à donner à manger aux larves..., etc. Ces
neutres remplissent donc l'office de *nourrices*, et l'on
peut leur assimiler la méduse hydraire, qui porte et
nourrit en elle le germe de la vraie méduse. Seulement, ce que l'insecte exécute en vertu d'une volonté
déterminée par l'instinct et se traduisant par des
actes, le scyphistome le fait par la seule activité organique et sans en avoir conscience. Dans les deux
cas, la nature atteint le même but, savoir le perfectionnement du produit définitif à l'aide, non pas de
générations intermédiaires, mais de *plusieurs couvées
appartenant à la même génération.* »

On voit en quoi pèche le raisonnement du savant
danois. D'une part il arguë précisément de ce qui
est en question, c'est-à-dire de la préexistence des
germes dans les scolex ; d'autre part il conclut à une
assimilation, par cela seul que les résultats se ressemblent, et, de son aveu, quoique les moyens mis
en œuvre soient totalement différents.

Malgré ce qu'on peut lui reprocher, l'ouvrage de
M. Steenstrup, nous le répétons, rendit à la science
un service éminent; et ce service fut apprécié. —
Chose bien rare, on adopta d'emblée ce qu'il y avait
de vrai dans les vues d'un auteur qui groupait et
rattachait les uns aux autres tant de phénomènes
jusque-là isolés et regardés comme d'étranges anomalies; on ne combattit que ses idées théoriques.

Bien des essais furent faits pour les remplacer, et la discussion fut parfois très-vive. Nous ne saurions, on le comprend, entrer dans le détail de ces polémiques. Nous nous bornerons donc à rappeler les principales opinions émises par quelques-uns des hommes les plus compétents.

En première ligne, à tous égards, nous devons mentionner l'ouvrage de M. R. Owen. Ce naturaliste, qui, par l'étendue de ses travaux, a su mériter le surnom de Cuvier anglais, à peu près comme nous appelons Laplace le Newton français, a publié sur les phénomènes qui nous occupent un travail intitulé : *Sur la génération virginale* (1). Ce titre est à lui seul toute une théorie, qu'à notre grand regret nous ne pouvons adopter.

En effet, à l'idée de virginité se rattache invinciblement celle de la possibilité de cessation de cet état. Cette dernière suppose l'existence des appareils qui sont les attributs distinctifs des sexes. Que ces organes viennent à disparaître normalement ou accidentellement, et par cela même l'individu ne peut plus être appelé vierge. Personne n'appliquera cette épithète à un eunuque, à un chapon. A plus forte raison devra-t-on la refuser à un être qui n'a jamais été ni mâle ni femelle. — Or, pour quiconque s'en tient à l'observation et à l'expérience, tel est incontestablement le cas de tous les animaux

(1) *On Parthenogenesis*, 1849. Dans le courant de ce même ouvrage, l'auteur propose encore un autre nom, celui de *métagenesis*, qu'on peut traduire par *génération changeante*.

dont nous avons parlé, tant qu'ils sont encore à l'état de scolex ou de strobila, tant qu'ils se reproduisent par bourgeons, par boutures, par scission spontanée. Le scalpel le plus délicat, le microscope le plus puissant ne nous montrent dans le scyphistoma, dans le sporocyste, rien qui de près ou de loin puisse donner l'idée d'une sexualité quelconque.

Néanmoins, pour M. Owen, tous ces êtres sont des femelles. Tout en reconnaissant la difficulté qu'on éprouve à exprimer certaines relations de parenté, il pense qu'on peut leur appliquer l'expression de *mères*. Cette manière de voir du savant anglais repose principalement sur une exception très-remarquable qui se rencontre au milieu des faits dont il s'agit.—Les individus appartenant aux générations intermédiaires de pucerons ont des organes reproducteurs femelles, incomplets il est vrai, mais parfaitement reconnaissables. Dans ces organes, la partie fondamentale, l'ovaire, semble être constituée exactement de même chez les individus vivipares ou les scolex, et chez les individus ovipares, qui seuls sont de vraies femelles. Mais chez ces dernières on trouve de véritables œufs pourvus de toutes leurs parties caractéristiques, chez les premiers de petites masses granuleuses, où l'on ne distingue jamais ni un vrai vitellus, ni une véritable vésicule germinative, ni rien qui mérite le nom de tache de Wagner (1).

---

(1) Nous reviendrons plus loin sur ces points délicats en traitant de la *véritable parthénogenèse.*

En admettant que tous les animaux qui se reproduisent par généagenèse se trouvent dans des conditions semblables à celles que présentent les pucerons, M. Owen est certainement allé au delà des résultats fournis par l'observation directe ; n'en fût-il même pas ainsi, nous ne pourrions accepter sa théorie.

En effet, pour interpréter les phénomènes, M. Owen remonte à l'origine des plus simples organismes, et s'appuie sur la doctrine cellulaire de Schwann, doctrine dont nous avons en bien des points constaté l'inexactitude. — Certains êtres, dit le savant anglais, — par exemple les monades, regardées comme les derniers infusoires, et les grégarines, qui sont aussi des infusoires vivant en parasites à l'intérieur de quelques animaux, — sont formés en réalité d'une seule cellule pourvue de son noyau. Chez eux, la propagation s'effectue par la division du noyau, qui entraîne celle de l'animal entier (1).—Or l'œuf est essentiellement formé d'une cellule à noyau, la *vésicule germinative*, qui renferme le *jaune germinatif*. Le *jaune proprement dit*, ou *vitellus*, n'est qu'un accessoire, une provision d'aliments. — L'œuf fondamental se multiplie, comme la monade, par scission ; mais ce phénomène n'est déterminé que par le rapproche-

(1) Aujourd'hui que la nature du *noyau* des infusoires est connue, et qu'il faut voir, dans cet organe auquel on a fait jouer un rôle si considérable un véritable ovaire, il est évident que bien des théories qui ont toutes pour point de départ les idées de Schleiden, doivent être revisées, et qu'il faudra aussi vérifier bien des faits qui n'ont peut-être été acceptés tels qu'on les présente qu'en vertu de ces mêmes idées.

ment des deux sexes. Cet acte est nécessaire pour infuser au *jaune germinatif* une *puissance*, une *force prolifique* particulière (1). — En vertu de cette imprégnation, la *vésicule germinative* disparaît, le *jaune germinatif* se contracte, et bientôt se montre une première *cellule germinative*. Celle-ci se divise d'abord en deux, puis en quatre, ainsi de suite, entraînant à chaque fois dans sa multiplication le vitellus lui-même. — Ainsi s'expliquent, d'après M. Owen, le framboisement de l'œuf et sa transformation totale en une masse de *cellules germinatives* toujours imprégnées de la *puissance prolifique* qui leur a donné naissance et s'y trouve comme mise en magasin.

C'est cette masse de cellules germinatives, pénétrées d'une force spéciale, qui, toujours d'après M. Owen, sert de point de départ à la transformation d'un nouvel être. — Chez les mammifères, chez tous les vertébrés, chez un grand nombre d'invertébrés, cette formation suffit pour épuiser la provision de cellules et de force prolifique mise en réserve. — Chez les pucerons, les méduses, les distomes, etc., il en est autrement. Une partie de la masse formée de cellules germinatives passe *sans changement* dans le corps de l'embryon, et la puissance polifique ne cessant pas d'agir, les cellules continuent à se multi-

(1) *A spermatic force, a spermatic power.* — Les réfutations fortement motivées qu'ont opposées à leur illustre compatriote M. le docteur Carpenter et Huxley ont surtout porté sur l'existence supposée de cette force spéciale (*Medico-chirurgical Review*, 1848. — *On the agamic reproduction and morphology of aphis. Transactions of the Linnean society*, 1858.)

plier dans ce nouveau séjour. — Chaque fois qu'il s'en est formé une quantité suffisante, un nouvel être s'organise, et emporte également avec lui sa part de cellules et de force reproductrice. — Mais, par suite de ce travail de répartition, la puissance prolifique s'épuise : alors seulement l'intervention des deux sexes redevient nécessaire pour la renouveler. — Toute reproduction animale est le produit d'une fécondation unique, opérée par le concours d'un père et d'une mère, le premier donnant à l'élément fondamental fourni par la seconde la puissance de se multiplier pendant un temps variable, selon les espèces. Dans la reproduction par œufs, cette puissance s'épuise d'un seul coup, et veut être renouvelée à chaque génération. Dans la parthénogenèse, cette puissance se transmet à plusieurs générations successives, avec des *éléments matériels* provenant de la première cellule germinative. Dans les deux cas, celle-ci est le point de départ. En elle est accumulée au début la force prolifique qui détermine des phénomènes plus ou moins durables, mais toujours identiques. — Par conséquent la *reproduction parthénogénétique* diffère de la *reproduction ovarique*, uniquement par des circonstances accessoires. Au fond, il n'y a là qu'un seul et même phénomène.

Telle est en résumé la théorie de M. Owen.

Il faut convenir qu'elle est séduisante. — Remarquons d'abord qu'elle justifie l'expression de *parthénogenèse*. Dans cet ordre d'idées, les bourgeons, bulbilles, etc., apparaissent comme *une sorte de pro-*

géniture de l'œuf primitif, comme composés en partie de la substance de cet œuf, comme étant au moins de même nature. Ce sont pour ainsi dire autant de véritables œufs, seulement ils ont été fécondés d'avance. Or la femelle seule produit des œufs. Au fond, les scolex sont donc de ce sexe, et dès lors on peut leur attribuer une sorte de virginité. — En ramenant ainsi à un fait fondamental unique tous les modes de reproduction, M. Owen simplifie d'ailleurs toutes les questions, embrasse et coordonne une masse considérable de faits épars, et met en lumière des rapports jusque-là inaperçus.

Malgré tous ces avantages, malgré la juste autorité du nom de l'auteur, la doctrine de M. Owen ne pouvait se faire que peu de partisans. Sans parler de tout ce qu'elle emprunte à la doctrine cellulaire de Schwann, dont, à certains égards, elle n'est qu'une application nouvelle, cette théorie repose en entier sur quelques hypothèses que les faits sont loin de confirmer. — La disparition de la vésicule germinative avant toute fécondation a été constatée par une foule d'observateurs, aussi bien chez les mammifères que chez la hermelle et le taret (1). Or ce fait est en contradiction absolue avec les idées de M. Owen ; il frappe la théorie que nous combattons précisément à son point de départ. — En outre, depuis la publication de l'ouvrage de Schwann, bien des naturalistes ont démontré que les segments du vitel-

(1) Voyez la première partie de cette étude.

lus pendant le framboisement ne sont nullement des cellules. Les observations que j'ai publiées à peu près au moment où paraissait *La Parthénogenèse,* et qui ont été confirmées plus tard, ont montré que le framboisement était une manifestation de la vie propre de l'œuf, que l'élément mâle *ne faisait pas naître* ces singuliers mouvements, mais seulement les *régularisait.* Dès lors il est difficile d'admettre la force spéciale invoquée par M. Owen, au moins telle qu'il la comprend. — Ajoutons que l'accumulation de cette force dans une cellule germinative primaire, son affaiblissement, son épuisement, par suite de la multiplication des cellules, sont autant d'hypothèses, ingénieuses sans doute, mais qui n'ont pour elles ni expériences, ni observations bien précises (1). Tout au contraire, le fait que la reproduction agame des pucerons peut être prolongée presque indéfiniment par

(1) M. Owen cite à l'appui de ses idées le fait que les pattes d'écrevisse ne se reproduisent pas indistinctement à toutes les jointures, mais seulement à l'une d'elles où se trouve un tissu cellulaire spécial qu'il regarde comme un reste de sa *masse cellulaire germinative* encore imprégnée de la *puissance prolifique.* Sans insister sur la ressemblance de cette explication avec celles qu'on a reprochées à Bonnet, je ferai remarquer que c'est un peu juger la question par la question, puisqu'il faudrait démontrer d'abord que la nature de ce tissu reproducteur est bien ce qu'admet l'auteur. M. Owen assure encore que les bourgeons dans l'hydre ne poussent que sur un point déterminé. Mais M. Laurent, qui a fait de cet animal l'objet d'études poursuivies pendant plusieurs années, a montré qu'il peut se former des bourgeons sur tout le corps, à peu près comme dans un végétal on voit des *bourgeons adventifs* paraître sur tous les points de l'écorce, et cela presque par les mêmes raisons.

15.

l'emploi de la chaleur artificielle est en opposition directe avec les théories du naturaliste anglais (1).

Sans rechercher, comme Steenstrup et Owen, la nature intime du phénomène, M. Leuckart a assimilé la généagenèse à la métamorphose (2). Pour lui, un scolex d'ordre quelconque n'est autre chose qu'une espèce de larve. Le scyphistoma est pour ainsi dire la chenille de la méduse. Nous ne saurions regarder comme fondée cette assimilation, et ici nous partageons pleinement la façon de voir de Steenstrup, qui avait réfuté d'avance la plupart des raisons invoquées par M. Leuckart. « L'état de *nourrice*, disait l'auteur danois, diffère totalement de l'état de larve. La chenille se transforme *elle-même* en papillon. Au contraire, jamais le scyphistoma ne devient aurélie. »

La justesse de ce raisonnement est d'autant plus

(1) Toute idée émise par un homme aussi éminent que M. Owen, acquiert par cela seul une puissance réelle. Voilà pourquoi je reproduis ici la discussion détaillée que je crus devoir lui opposer lors de la première publication de ces études. Dès cette époque aussi je disais que le mot proposé par l'illustre zoologiste anglais devrait probablement être conservé, tout en s'appliquant à des phénomènes d'un autre ordre sur lesquels commençait à se fixer sérieusement l'attention des physiologistes. L'événement a confirmé ces prévisions, et j'aurai à revenir plus loin sur les phénomènes de la véritable *parthénogenèse* dont Owen semble avoir pressenti l'apparition sur la scène scientifique.

(2) *Uber Metamorphose, ungeschlechtliche Vermehrung, Generationswechsel,* 1851, (*Zeitschrift für Wissenschaftliche Zoologie.*) Je ne connais ce travail que par l'analyse que M. Claparède en a donnée dans la *Bibliothèque universelle de Genève,* 1854. Mais le nom seul de l'interprète garantit l'exactitude de l'interprétation.

facile à saisir, que souvent chez le même animal nous constatons successivement les deux phénomènes, celui de la métamorphose et celui de la généagenèse. Chez les méduses par exemple, après que l'œuf est devenu *par transformation* une larve ciliée, celle-ci se change en scyphistoma *par métamorphose;* la *généagenèse* intervient pour produire les strobila, dont les proglottis s'isolent d'abord sous la forme d'éphyres et se *métamorphosent* ensuite en aurélies. — Ici donc la larve ciliée est en réalité la larve du scyphistoma, comme l'éphyre est la larve de l'aurélie.

Chez les helminthes appelés distomes, la complication du phénomène est bien plus grande, et nous trouvons à la fois les trois modes du développement et les trois phases de la métamorphose proprement dite. — L'œuf donne *par transformation* une larve ciliée, qui, *par généagenèse*, produit un sporocyste, lequel acquiert ses formes définitives *par métamorphose*. A la *généagenèse* doit être rapportée la multiplication par bourgeons des sporocystes eux-mêmes et des cercaires. Ces dernières sont les *vraies larves* des distomes futurs, et, quand elles perdent leurs queues, s'enkystent et restent immobiles, que font-elles, sinon de passer à l'état de *nymphes* à la façon des stratiomes? Quand enfin elles sortent de cet état de torpeur sous la forme de distome, n'est-ce pas par une *véritable métamorphose*, comparable à tous égards à celle d'où résulte l'insecte parfait?

Bien loin que la généagenèse ne soit qu'un cas particulier de la métamorphose, les faits que nous révèle la première ne tendent à rien moins qu'à modifier quelques-unes des idées les plus universellement acceptées et qu'avait confirmées la seconde.

Certes, s'il y a eu jusqu'ici quelque chose d'admis, c'est que le fils est le produit direct du parent ; c'est que l'individualité persiste dans le germe, de la naissance jusqu'à la mort. — Or tant que la reproduction par bourgeons a été regardée comme un fait aussi primordial que la reproduction par œuf, ces idées s'appliquaient également à l'une et à l'autre ; les métamorphoses ne changeaient rien à cet égard. Dans un papillon, quelque nombreux et complets que soient les changements de structure et de facultés, l'animal reste un ; l'individualité se maintient. Par conséquent, pour être passé par les états de chenille et de chrysalide, le papillon n'en est pas moins le *produit direct* du germe contenu dans l'œuf; il n'en est pas moins le *fils immédiat* de ses père et mère, et cela au même titre que l'enfant, qui fut d'abord embryon et puis fœtus.

Mais du moment qu'entre la reproduction par œufs et la reproduction par bourgeons il existe des relations nécessaires telles que la première doit toujours être le point de départ de la seconde, il n'en est pas ainsi. Le germe primitif, l'*œuf,* acquiert, comme nous l'avons déjà établi, une valeur très-supérieure à celle des germes secondaires qui n'en sont plus que les dérivés. — Les relations de parenté, de père à fils, de mère à fille, ressortent comme n'existant réellement qu'entre les individus qui produisent de tels germes.

Or que se passe-t-il chez l'aurélie par exemple? — De chaque œuf sort un animal unique d'abord, sans appareil reproducteur spécial, mais pouvant produire de toutes pièces, en les tirant comme de sa propre substance, un grand nombre d'individus. Chacun de ceux-ci se fractionne à son tour en un certain nombre d'autres, qui eux-mêmes acquièrent les organes caractéristiques des sexes, produisent et fécondent des œufs. Ces derniers venus sont seuls les *vrais fils* du premier parent; mais ils sont plusieurs, et tous proviennent en définitive d'un seul œuf contenant un seul germe.

Par conséquent l'unité et l'individualité de ce germe ont été multipliées, c'est-à-dire en réalité brisées par le fait du développement. Les nombreuses aurélies provenant de l'œuf primitif unique ne sont que le *produit indirect* du germe que renfermait cet œuf; elles ne sont que les *filles médiates* de leurs parents. — Là est pour nous la différence fondamentale qui sépare la généagenèse de la métamorphose.

M. van Bénéden s'est placé à un point de vue plus modeste que celui de Steenstrup, d'Owen et de Leuckart. Le naturaliste belge n'a pas prétendu remonter à l'essence du phénomène; il a été frappé avant tout de ce fait, que certaines espèces animales se reproduisent par un seul procédé, que d'autres emploient à la fois deux procédés distincts. — De là sa division en *animaux monogénétiques* et en *animaux digénétiques*. De là aussi le nom de *digenèse* donné à l'ensemble des phénomènes reproducteurs qui s'accomplissent sans l'intervention des sexes.

Pour qui entre complétement dans les idées de l'auteur et ne cherche rien au delà, cette expression est heureuse. Elle traduit le fait en dehors de toute hypothèse ; mais d'une part elle n'a de significatiou que par son opposition au mot de *monogenèse*, appliqué par M. van Bénéden à la reproduction ordinaire ; et d'autre part elle ne me semble pas indiquer suffisamment ce que présente de profondément caractéristique l'ordre de faits dont il s'agit, savoir : la production de plusieurs types et d'un nombre indéterminé d'individualités par un œuf primitif unique.

Cette remarque s'applique également aux autres dénominations dont j'ai déjà parlé. — Voilà pourquoi j'ai proposé de leur substituer celle de *généagenèse*, qui rend assez bien ma pensée, et qui, elle aussi, constate seulement un fait existant en dehors de toute idée théorique.

Suit-il de là que toutes ces dénominations doivent être rayées absolument du vocabulaire scientifique ? Non. — Les mots de multiplication par bourgeon, par boutures, par fissiparité ; ceux de génération alternante, de métagenèse, de digenèse…, etc., expriment en réalité des idées vraies, des faits distincts. Souvent ils seront utiles pour donner plus de précision au langage et par conséquent ils doivent être conservés. Seulement il ressort de ce qui précède que chacun d'eux ne désigne qu'une seule des formes particulières sous lesquelles peut se présenter le phénomène plus général de la *généagenèse*.

Pour être bien nommé, ce phénomène n'est pas expliqué. Nous devons d'ailleurs renoncer à découvrir, au moins encore de longtemps, quelle en est la cause première. Tout au plus pouvons-nous le rattacher à d'autres faits déjà connus et en éclaircir ainsi la nature. Or les naturalistes dont nous avons tout à l'heure rappelé les travaux se sont tous efforcés de ramener la génération agame à la génération sexuelle, la reproduction par bourgeons à la reproduction par œufs et par *œufs fécondés*. — Là est, croyons-nous, la cause principale des difficultés qu'ils ont rencontrées.

Le docteur Carpenter s'est placé à un tout autre point de vue (1). Pour ce savant anglais, l'oviparité est chose entièrement distincte de la gemmiparité. La première exige le concours de deux systèmes d'organes spéciaux et distincts ; la seconde tient seulement à « une multiplication de cellules par le progrès d'un accroissement continu. » Peut-être y a-t-il entre le docteur Carpenter et moi quelques différences quant au point de départ de la théorie et surtout quant au mécanisme de l'accomplissement

(1) *Medico-chirurgical Review*, 1818. J'ai le regret de ne connaître ce travail que par ce qu'en a dit M. Owen dans sa *Parthenogenesis*.

des phénomènes; mais à cela près, son opinion générale concorde, à bien des égards, avec les miennes propres. — Voici quelques-unes des considérations qui m'ont conduit à cette manière de voir.

Tous les modes de reproduction qui nous ont occupé jusqu'ici, autres que la reproduction par œufs, ne sont en réalité que des phénomènes de bourgeonnement. — Le fait est évident chez l'hydre, chez l'aurélie et chez tous les animaux où les choses se passent à l'extérieur. L'observation micrographique démontre qu'il en est de même chez les biphores, chez les helminthes, chez les pucerons. Seulement, dans ces dernières espèces, le bourgeon pousse à l'intérieur, se détache parfois de très-bonne heure, et tombe dans des cavités où il subit les *transformations* qui le rapprochent plus ou moins de sa forme définitive. Ici le germe, au lieu d'être un *bourgeon* proprement dit, est un véritable *bulbille*, c'est-à-dire un *bourgeon caduc* destiné à se développer dans l'animal même qui lui donna naissance (1).

Mais le phénomène du bourgeonnement lui-même n'est à son début qu'un simple fait d'accroissement local. — S'il se forme quelque part un bourgeon externe ou interne, fixe ou caduc, c'est que le *tourbillon vital* accumule les matériaux plastiques sur

(1) Les bulbilles proprement dits sont des bourgeons entièrement semblables aux bourgeons ordinaires, mais qui se détachent spontanément de la plante qui les a produits, s'enracinent et donnent naissance à un nouveau végétal, comme l'eût fait une graine.

un point spécial au lieu de les répartir dans l'ensemble du corps.

Ainsi toute génération agame se rattache à l'*accroissement* proprement dit.

Les faits ne manquent pas pour justifier cette conclusion, à laquelle conduit le seul raisonnement. — Quand nous coupons la tête à un lombric ou la queue à un lézard, que voyons-nous paraître d'abord sur la plaie circulaire résultant de cette opération? Un petit tubercule, un véritable bourgeon, où ne se distinguent d'abord ni nerfs, ni os, ni muscles ni vaisseaux (1). Ce bourgeon augmente de volume, et au bout d'un temps donné, ces divers éléments organiques reparaissent ; l'animal reproduit les parties violemment retranchées. Voilà un premier degré de reproduction par *bouture*. — L'hydre, qui peut être hachée, et dont chaque fragment reproduit un animal nouveau, nous montre cette faculté élevée à son maximum. Chacun de ces fragments, pour modifier la forme accidentelle que lui a donnée l'opération, pour arriver à sa forme normale, bourgeonne en tous sens, c'est-à-dire *s'accroît*.

Voilà ce que nous enseigne l'expérience. L'observation pure et simple conduit au même résultat, peut-être même est-elle plus démonstrative encore.

En effet, dans les études consacrées à la transfor-

---

(1) J'ai fait surtout sur les premiers de ces animaux un grand nombre d'expériences dont j'ai toujours ajourné la publication dans l'espoir de les compléter. Peut-être reprendrai-je un jour ce travail.

mation et à la métamorphose proprement dite, nous avons montré comment se fait l'accroissement normal des animaux. Nous avons vu que ce phénomène se manifeste tantôt par l'*augmentation du volume des parties*, tantôt par la *multiplication de ces mêmes parties*. — Or, dans ce dernier cas, il arrive souvent que chaque partie surajoutée réunit un ensemble d'organes qui en fait presque un individu. Chez les annélides par exemple, dans la plus grande étendue du corps, chaque anneau possède son centre nerveux, son appareil locomoteur, son système vasculaire, sa grande poche digestive, ses organes reproducteurs, le tout semblable à ce qui existe dans l'anneau qui précède et dans celui qui suit. — Un pas de plus, et chaque anneau pourra se suffire à lui-même. Il ne lui manque, à vrai dire, qu'une bouche et des organes des sens. — Dans les syllis, les myrianes, les naïs, etc., cette bouche s'ouvre, ces organes naissent sur un anneau spécial, il est vrai, mais qui se forme exactement comme tous les autres (1). Tous les anneaux placés en arrière de cette tête accidentelle lui obéissent. Une individualité nouvelle s'est formée, et cette individualité a son origine dans un ensemble de phénomènes qui ne diffèrent en rien de ceux de l'*accroissement*, tels qu'on les observe dans la classe entière.

(1) Voyez le beau *Mémoire* de M. Edwards sur l'embryogénie des annelées dans les *Annales des Sciences naturelles*, 1845. Voyez aussi mon mémoire *Sur la génération alternante des syllis* dans le même recueil, 1854.

Entre ces phénomènes, que nous ne pouvons qu'indiquer rapidement, et la gemmation de l'hydre, celle du strobila, telle que l'a observée M. Desor, ou la segmentation du même être, telle que l'a décrite M. Saars, il n'y a évidemment aucune distinction fondamentale. La forme seule des espèces, les lois de leur accroissement individuel suffisent pour expliquer les différences apparentes. — Ainsi l'on passe de la simple croissance d'un mammifère au bourgeonnement le mieux caractérisé par des nuances insensibles; et tout nous ramène à cette importante conclusion, que le bourgeonnement, et par conséquent la reproduction agame, ne sont au fond qu'*un phénomène d'accroissement.*

Une fois placés à ce point de vue, nous comprenons très-bien pourquoi la génération agame ne saurait être indéfinie. — Dans tout animal, l'accroissement a des limites fixées d'avance. Si le bourgeonnement n'est qu'une forme de l'accroissement, il doit forcément avoir un terme. Il ne peut donc suffire à perpétuer les espèces. Dès lors l'intervention d'un autre mode de génération devient une nécessité à laquelle ne saurait échapper aucune espèce animale. Or, aussitôt que le bourgeonnement cesse, l'œuf se montre comme élément fondamental. Par conséquent les espèces les plus franchement fissipares, gemmipares, etc., devront, au bout d'un temps plus ou moins long, en revenir à la reproduction par œufs.

Une fois constitué, le bourgeon se développe

comme le ferait un germe quelconque, et sous l'empire des mêmes lois générales qui transforment en mammifère, en oiseau ou en mollusque l'œuf du lapin, de la poule ou du taret. Dès lors nous devons nous attendre à retrouver ici tous les phénomènes qui ont fait le sujet des premiers chapitres de cette étude. — Que le bourgeon reste fixé, comme chez l'hydre, jusqu'au jour où le nouvel être n'aura plus qu'à grandir; qu'il se détache à l'état de masse presque inorganisée pour tomber dans un organe spécial où s'accompliront ses évolutions subséquentes, comme chez les pucerons, ou pour être transporté au loin, comme chez la synhydre, il n'en présentera pas moins des *transformations*, des *métamorphoses*, comparables de tout point à celles que nous avons décrites; et le *tourbillon vital* qui lui donna naissance pourra seul lui faire acquérir ses formes, ses proportions définitives.

Ces considérations nous amènent à penser que la voie où nous nous sommes rencontré avec le docteur Carpenter est réellement la bonne. Sans invoquer aucune hypothèse nouvelle, cette manière d'envisager la généagenèse s'accorde avec tout ce que nous apprennent l'expérience et l'observation directes; elle conduit des faits les mieux connus et les plus simples de l'accroissement aux phénomènes les plus compliqués et les plus récemment découverts de la généagenèse; elle explique la neutralité de toutes les générations intermédiaires; elle rend compte de la multiplication par les individus agames, et justifie l'existence des cycles qui ramènent la reproduction par œufs ; enfin elle distingue nettement les phénomènes qui nous occupent en ce moment de ceux de la métamorphose, tout en conservant entre ces deux ordres de faits les relations qui les unissent et que l'on ne saurait nier.

Dans l'ensemble comme dans les détails, cette doctrine me semble donc aujourd'hui, comme autrefois, présenter tous les caractères de la vérité.

————

CHAPITRE XX

Parthénogenèse ou reproduction virginale — faits fondamentaux.

Nous venons de voir qu'en définitive tout animal remonte à un œuf. Médiatement ou immédiatement, il a toujours non-seulement un *parent*, mais encore une *véritable mère*.

L'existence du *père* est-elle aussi constante? — Telle est la question que les progrès tout récents de la science posent aujourd'hui avec une autorité qu'on ne saurait méconnaître (1).

Il y a six ans, tout en combattant les idées d'Owen, je disais que l'expression de *parthénogenèse* de-

---

(1) Dans le siècle dernier un inspecteur général des magnaneries de Sardaigne nommé Constant de Castellet, ayant constaté chez les vers à soie des faits analogues à ceux qui vont nous occuper, écrivit à Réaumur pour lui en faire part. Réaumur se contenta de lui répondre — *Ex nihilo, nihil.* — Castellet ne pouvant croire lui-même à la réalité de ses observations, crut s'être trompé. — Cette anecdote que j'emprunte à l'excellent article publié il y a trois ans dans la *Revue germanique,* par M. Dareste, nous apprend que Réaumur ne tenait aucun compte des observations déjà faites par Malpighi, et qu'il s'est conduit en cette circonstance comme il l'avait fait avec Peyssonnel. Au reste Castellet fut moins persévérant que notre compatriote ; et il laissa ainsi à d'autres la gloire d'avoir ramené l'attention sur un phénomène qui ne devait être mis hors de doute que plus d'un siècle après ses observations.

vait rester dans la science pour désigner un certain nombre de phénomènes exceptionnels jusque-là, fort mal connus encore, mais dont la réalité me paraissait hors de doute, et qui me semblaient mériter toute l'attention des naturalistes. — A ce moment même, M. de Siébold justifiait mes dires, et répondait à mon appel, en publiant le beau travail qui a ouvert un champ de recherches tout nouveau et déjà activement exploité (1).

Des observations isolées recueillies par Bernouilli, Tréviranus, Suckow, Burmeister chez divers papillons nocturnes, par Malpighi, Herold, Curtis, Filippi... chez le papillon du ver à soie, il résultait que certaines femelles, n'ayant eu aucune relation avec les mâles de leur espèce, pouvaient pondre des œufs qui se développaient et donnaient naissance à des chenilles aussi vivaces, aussi robustes que si ces œufs eussent été fécondés. M. Carlier, membre de la société entomologique de France, avait même obtenu trois générations vierges du *Liparis dispar* (2). La

---

(1) *Wahre Parthenogenesis bei Schmetterlingen und Bienen*, 1856. Ce travail a été longuement analysé par M. Young dans les *Ann. des Sc. naturelles*, 1856. Il a fourni les principaux matériaux d'un excellent article publié par M. Dareste dans la *Revue germanique*, 1859. Je lui emprunterai de même presque tous les détails relatifs aux faits qui ont servi de point de départ à toutes les recherches actuelles.

(2) *Introduction à l'histoire de l'Entomologie*, par *Th. Lacordaire*. La dernière génération ainsi obtenue par M. Carlier, se composait exclusivement de mâles, ce qui, observe l'auteur, mit naturellement fin à l'expérience.

croyance à la reproduction virginale des *psychés* en général, avait été longtemps populaire parmi les Lépidoptéristes, et encore aujourd'hui il est certaines espèces dont on ne connaît pas le mâle. Mais on rattachait tous ces faits à ceux qui se passent chez les pucerons. Siébold voulant savoir à quoi s'en tenir, étudia l'anatomie des psychés femelles, et, trouvant leur appareil reproducteur au grand complet, il n'hésita pas à mettre sur le compte de quelques erreurs d'observation ce qu'on avait dit à leur égard (1).

Mais à peine avait-il publié sa première opinion, que lui-même observait des faits analogues à ceux qu'avaient signalés ses prédécesseurs, et cela non-seulement chez les psychés proprement dites, mais encore dans quelques autres espèces voisines (2). En même temps, il apprenait que le problème des œufs *féconds sans fécondation*, s'agitait vivement depuis quatre ans dans le monde des apiculteurs très-nombreux en Allemagne.

En effet, dès 1845, un homme étranger aux sciences naturelles, mais doué d'un rare esprit d'observation, M. Zierzon, curé à Carlsmark en Silésie, avait formulé quelques propositions qui partageaient en deux camps tous les journaux, toutes les sociétés vouées à l'étude pratique des abeilles. Zierzon

(1) *Uber die Fortpflangungen Psyche* (*Seitsch. fur Wiss. Zool.,* 1849).

(2) Chez la *Psyche helix* et dans les *Solenobia lichenella et triquetrella.*

avançait que la reine abeille, tout en conservant sa virginité intacte, n'en pond pas moins des œufs propres à se développer, mais qu'alors toutes les abeilles sorties de ces œufs sont des mâles ; avec Huber, il admettait que cette reine reçoit en une seule fois toute la provision de liquide fécondant qui doit lui servir pendant sa vie entière, c'est-à-dire pendant plusieurs années ; il ajoutait que la reine abeille peut dépenser cette provision comme elle l'entend, favoriser ou empêcher à volonté le contact entre l'œuf qu'elle pond et l'élément fécondateur. Dans le premier cas, affirmait Zierzon, l'œuf est fécondé et produit une femelle ; dans le second cas, tout se passe comme si la reine mère était restée vierge, et l'œuf ne produit qu'un mâle (1).

Parmi les faits invoqués par Zierzon et par M. de Berlepsch, qui le premier a soutenu et confirmé les doctrines du curé de Carlsmarck (2), il en est quel-

(1) Les recherches de Zierzon ont été publiées dans deux journaux d'apiculture qu'on chercherait probablement en vain partout ailleurs qu'en Allemagne ; mais elles ont été soigneusement analysées dans le travail de Siébold.

(2) M. de Berlepsch, agriculteur aussi habile qu'éclairé, possède à Seebach un magnifique établissement destiné à l'élevage des abeilles. A diverses reprises il a mis son rucher à la disposition des savants aussi bien que des praticiens sérieux. C'est chez lui que Siébold et Leuckart ont fait les observations importantes qui ont mis hors de doute les phénomènes si inattendus dont nous parlons. En outre Siébold nous apprend que M. de Berlepsch a eu l'honneur de sauver pour ainsi dire les idées de Zierzon dans un moment où celui-ci était prêt à les abandonner par suite de l'insuccès d'une expérience. Il a publié les résultats de ses re-

ques-uns qui devaient frapper vivement. Rappelons-les en peu de mots.

Les observations de Huber, les recherches anatomiques modernes, ont montré que chez les abeilles les organes reproducteurs sont conformés de telle sorte, que l'union de la femelle et du mâle ne peut avoir lieu qu'au vol. — Or les femelles qu'un développement vicieux, ou un accident quelconque, ou les ciseaux d'un expérimentateur ont privés d'ailes avant cette union, n'en pond pas moins des œufs féconds; mais de ces œufs il ne sort jamais que des mâles.

Bien plus, si une reine abeille mariée est exposée à un froid capable d'altérer le liquide fécondateur, si une lésion organique vient rompre la communication qui existe entre la poche qui renferme ce liquide et le canal qui conduit les œufs au dehors, cette reine, qui jusque-là avait produit des femelles aussi bien que des mâles, n'engendre plus que ces derniers (1).

Les phénomènes du croisement viennent encore à l'appui des idées de Zierzon.

En Allemagne, où l'on s'occupe des abeilles avec autant de soin que nous le faisons des bestiaux ou

cherches dans le journal d'apiculture intitulé : *Eichstœdter Bienenzeitung* (Siébold).

(1) Ce dernier fait a été observé par M. de Berlepsch. C'est encore à cet amateur éclairé qu'on doit l'expérience sur l'action du froid, et Leuckart, ayant fait l'autopsie de cet individu, constata **la destruction de l'élément mâle.**

des oiseaux de basse-cour, on a cherché à acclimater les races étrangères remarquables par diverses qualités, à les croiser avec les races locales pour améliorer celles-ci. Parmi les premières, une des plus renommées est l'*abeille ligurienne*, décrite par Aristote et chantée par Virgile. Par son croisement avec les races allemandes, elle donne des individus tenant à la fois des deux parents. Mais ces traces de métissage n'existent que chez les ouvrières ou les reines, c'est-à-dire chez les femelles. Les mâles reproduisent toujours, dans sa pureté entière le type de la mère. Le père, n'intervenant en rien dans leur formation, ne saurait en effet modifier leurs caractères.

Tels sont en résumé les faits qu'avaient recueillis Zierzon et de Berlepsch. Déjà presque concluants par eux-mêmes, ils demandaient pourtant à être revus avec l'œil de la science. Siébold et Leuckart se chargèrent de cette tâche. Ils firent des autopsies de reines vierges et de reines épouses; ils scrutèrent les organes de la reproduction et le contenu des œufs; et, à la suite de scrupuleuses investigations, ils proclamèrent tous deux la réalité des faits annoncés, l'exactitude des idées et des propositions fondamentales émises par le modeste desservant de Carlsmarck.

Ni l'un ni l'autre ne s'en tint à ce travail de vérification. Siébold aborda au même point de vue l'étude des vers à soie, retrouva les faits signalés par Malpighi, Hérold, Filippi, et jetant ensuite un coup d'œil sur l'ensemble des invertébrés, il montra que la parthénogenèse devait se retrouver dans plusieurs autres groupes d'insectes, chez les crustacés, les mollusques... — Leuckart, de son côté, étudia la reproduction virginale dans les abeilles ouvrières, et constata que ce phénomène, exceptionnel dans nos ruches, se retrouvait avec les mêmes caractères, mais d'une manière constante dans les colonies de guêpes, de bourdons et de fourmis (1). Puis il étendit ses recherches à d'autres groupes d'insectes et retrouva les mêmes phénomènes avec plus de développement peut-être chez les cocciniens (2). — Ajoutons que d'autres naturalistes ont reconnu depuis d'autres faits semblables. Par exemple, MM. Barthélemy et Millière ont constaté la parthénogenèse dans quatre nouvelles espèces de papillons (3), M. Hartig, chez vingt-huit espèces de cynips.... Au reste, à propos de ces derniers, Lubbock remarque qu'on ne connaît encore que les femelles, si bien que la génération virginale est peut-être, chez eux, de beaucoup la plus commune.

(1) Zur Kenntniss des Generationswechsels und des Parthenogenesis bei den Insecten (1858). Ce travail a été brièvement analysé dans la *Bibliothèque universelle de Genève*, 1859.

(2) *Ibid.*, 1861.

(3) Par M. Millière pour deux espèces formant un genre nouveau (*G. agerona*) voisin des (Teignes, *Ann. de la Soc. Lin. de Lyon*, 1857), par M. Barthélemy, dans la *Chelonia caja* et le *Sphinx de l'euphorbe* (*Ann. des Sc. nat.*, 1859).

CHAPITRE XXI

Théorie de la parthénogenèse.

Le phénomène désormais incontestable de la parthénogenèse pose de nouveaux et nombreux problèmes à la sagacité des naturalistes. — Le premier qui se présente à l'esprit peut se formuler en ces termes : « Quoique ressemblant à des œufs, les corps reproducteurs qui s'organisent sans le concours d'un père sont-ils de véritables œufs? »

En général on a répondu d'une manière affirmative à cette question, et pourtant dans les ouvrages même écrits avec l'intention de justifier cette manière de voir, nous trouvons, pour certains cas au moins, la preuve du contraire. Sans entrer dans des détails que ne comporte pas la nature de cette étude, contentons-nous de mettre en regard les résultats obtenus par deux des savants qui ont jeté le plus de jour sur cette question, MM. Huxley et Lubbock.

Le premier, dans ses remarquables *Mémoires sur la reproduction agame et la morphologie des pucerons* (1),

____

(1) *Trans. of the Linnean soc.*, 1858. L'auteur tire de son travail des conséquences bien différentes de celles que je vais exposer, car le résumé qu'il en donne a surtout pour but de rapprocher autant que possible le *faux œuf* (*Pseudovum*) du

a suivi pas à pas le développement des germes dans les individus vivipares et dans les individus ovipares. Il a mis ainsi en relief les différences que présentent à l'origine la constitution du véritable œuf et celle du faux œuf. Or, pour quiconque a suivi l'embryogénie de quelques-unes de ces espèces animales qui, comme les annélides et la plupart des mollusques marins ou des rayonnés, se prêtent le mieux à cet ordre de recherches, les différences constatées involontairement en quelque sorte, par le savant professeur de l'École des mines, sont très-frappantes.

Chez les individus vivipares tout ressemble à ce que j'ai rencontré non-seulement chez la hermelle et le taret, mais chez des centaines d'autres espèces appartenant aux trois embranchements inférieurs. — Dans les trois dernières chambres de l'ovaire du puceron ovipare figuré par Huxley, on voit l'œuf à l'état naissant représenté seulement par une vésicule

---

véritable œuf (*ovum*). Il dit entre autre : « Les rudiments du véritable œuf ne peuvent être distingués de ceux des faux œufs. » Les descriptions, les dessins de l'auteur m'ont donné la conviction contraire. Sans doute cette différence d'appréciation tient surtout au nombre immense d'œufs rudimentaires que j'ai eu occasion d'observer dans mes études sur des animaux marins. Là les faits relatifs à ces premiers temps de l'existence, se présentent sans cesse à l'œil lors même qu'on ne les cherche pas. Au reste, la possibilité même que j'ai eue de me former, sur des questions aussi délicates, une idée bien arrêtée, d'après le mémoire de M. Huxley, est à mes yeux la preuve la plus convaincante de la valeur de ce travail. En le publiant, l'auteur a montré une fois de plus qu'il mérite d'être regardé comme un des représentants les plus éminents de la zoologie physiologique.

de Purkinje isolée, très-petite, mais bien caracté-
risée, et qui possède déjà sa tache de Wagner. Cette
vésicule grandit en passant dans la seconde chambre;
mais ce n'est que dans la troisième qu'elle commence
à s'entourer du vitellus, tout en restant très-nette et
laissant également distinguer sa tache germinative.

La seule différence que je puisse signaler entre ces
insectes et les espèces marines que je citais tout à
l'heure, c'est que chez ces dernières, les œufs se
montrent à tous les degrés de développement, en
nombre infiniment plus considérable, et qu'ils subissent sur place, au milieu du liquide de la cavité
générale, les changements qui s'opèrent de chambre
en chambre chez le puceron (1). — Nous retrouvons
donc ici cette constance dans les phénomènes fondamentaux sur laquelle j'insistais dans les premières
pages de ce livre. Cet accord est à lui seul une preuve
de l'exactitude des faits recueillis et figurés par les
deux observateurs, quelle que soit leur manière de
les interpréter.

Chez les pucerons vivipares, Huxley décrit et figure des phénomènes tout différents. Ici la dernière
chambre de l'ovaire est remplie par une sorte de
matière homogène pâle, dans laquelle sont comme
noyées une douzaine de cellules à noyau opaque.
Une portion de cette matière est séparée du reste

____

(1) Il est intéressant de comparer à ce point de vue les figures que j'ai données dans mes mémoires avec la figure 2 de la
planche 40 du travail de Huxley.

par un étranglement des parois de la chambre qui se prononce de plus en plus. C'est elle qui constituera de toute pièce les rudiments du nouvel être. Au milieu de cette petite masse, on aperçoit, il est vrai, une petite sphère transparente qui parfois présente dans son intérieur un noyau semblable à celui des cellules précédentes, mais qui parfois aussi n'en laisse apercevoir aucune trace, et le remplace dans d'autres circonstances par un petit amas de corpuscules arrondis. — Pour quiconque aura eu sous les yeux un nombre suffisant de termes de comparaison, rien ici ne rappellera ni la véritable vésicule de Purkinje, ni la vraie tache de Wagner, ces éléments fondamentaux des œufs proprement dits.

Je n'hésite pas à en dire autant de la petite sphère transparente à laquelle Lubbock donne pourtant le nom de *vésicule germinative*, et qu'il a vu se montrer dans les corps reproducteurs ou *faux œufs* d'une espèce de cochenille assez commune sur les orangers (1). Bien loin d'être la première partie visible de ces corps, la sphérule dont il s'agit ne se montre que lorsque d'autres éléments du germe sont déjà constitués; l'époque de son apparition n'a rien de régulier; enfin, à en juger par les dessins et la description de l'auteur, elle renferme toujours dans son intérieur, au lieu d'une véritable tache de Wagner, un amas de corpuscules infiniment petits. Sous tous

(1) On the ova and pseudova of Insects (*Philosoph. Transact.*, 1858).

les rapports, elle ressemble donc bien plutôt à la *cellule transparente* des embryons de pucerons, qu'à la *vésicule de Purkinje* des œufs dont la nature est hors de doute et qu'il faut toujours prendre pour terme de comparaison (1).

Les corps reproducteurs de la cochenille ou kermès des orangers (2) et ceux que pondent toutes les espèces voisines se développent sans le concours du mâle. Ils n'en ont pas moins été considérés comme de véritables œufs parce que la plupart sont revêtus d'une coque et pondus comme ceux-ci. Et cependant par la manière dont ils se constituent, par leur composition primitive, ce sont de véritables *bourgeons internes* presque rigoureusement comparables à ceux des pucerons vivipares. Leur nature a-t-elle changé parce que destinés à se développer hors du sein maternel, ils ont reçu une enveloppe plus ou moins solide selon les chances qu'ils ont à courir et capable de les protéger contre l'action du monde extérieur (3)? Évidemment non ; pas plus qu'un œuf

(1) Les raisons que je viens d'indiquer me font de même refuser le nom d'*œuf* aux corps reproducteurs des daphnies si bien décrits d'ailleurs dans le travail de Lubbock (*An account of the two methods of Reproduction in Daphnia and of structure of the Ephippium; Philosophical transactions*, 1857).

(2) Cette espèce et un certain nombre d'espèces voisines forment aujourd'hui le genre *Lecanium* (Illiger).

(3) Les enveloppes de ces prétendus œufs varient évidemment sous l'influence des conditions que j'indique. Elles sont inutiles au bourgeon interne des pucerons dont tout le développement s'accomplit dans les organes du parent. Aussi n'en ont-ils pas. Les bourgeons internes du kermès du pêcher, dont les trans-

ne devient un bourgeon parce que devant se transformer et se développer à l'intérieur de la mère, il ne revêt jamais de coque.

Mais si ces corps reproducteurs sont des *bourgeons* et non des *œufs*, il s'ensuit que le développement sans l'intervention de l'élément mâle rentre dans les phénomènes que nous avons déjà étudiés. — Ce n'est pas de *parthénogenèse* qu'il s'agit ici, c'est de *généagenèse*.

Cette conclusion ressort clairement pour moi de deux travaux évidemment faits avec un soin extrême, et qui, plus que tous les autres publiés sur les mêmes questions, se prêtaient à une comparaison rigoureuse (1). Or elle a pour conséquence inévitable de jeter des doutes sur la nature de la plupart des faits acceptés jusqu'ici sans contestation comme se rattachant à la génération virginale. La révision de

formations ne commencent qu'après leur sortie du corps du parent, sont aussi bien protégés que les œufs proprement dits. Entre ces deux extrêmes on trouve les bourgeons internes du kermès ou lecanium de l'oranger qui se développe presque en entier dans le sein du parent et acquiert ses formes définitives peu d'heures après la ponte. Aussi n'est-il protégé que par une seule enveloppe assimilée par Lubbock à la membrane vitelline (*On the ova and pseudova*). Maintenant que l'attention aura été appelée sur ce point, on trouvera, j'en suis convaincu, bien d'autres termes qui viendront se placer dans cette série déjà indiquée.

(1) MM. Huxley et Lubbock, unis par des relations d'amitié, se sont évidemment communiqué réciproquement leurs recherches. C'est sur l'invitation du premier que le second a fait ses recherches si intéressantes, et à son tour Huxley s'appuyait sur les résultats acquis par Lubbock avant qu'ils fussent publiés, pour confirmer ses propres vues.

la plupart de ces faits me semble en effet nécessaire. Avant de prononcer le mot de *parthénogenèse* il
est évidemment indispensable d'être bien assuré que
le corps reproducteur est un *œuf* et non pas un *bourgeon* revêtu d'une enveloppe plus ou moins solide.
Or c'est à l'origine même de la formation qu'il faut
remonter pour cela.— Tout corps reproducteur, qui
n'apparaît pas sous la forme première de vésicule de
Purkinje portant sa tache de Wagner, appartient
pour moi à la seconde catégorie ; pour mériter d'être
rangé dans la première il doit présenter ce double
et fondamental caractère.

A en juger par ce que nous savons déjà, cette révision aura pour résultat de diminuer considérablement le nombre des cas de véritable parthénogenèse. Les rayera-t-elle tous du livre de la science?
Je suis convaincu que non. Ici du moins j'ai le plaisir de me rencontrer avec les confrères dont j'ai dû
combattre les opinions dans les pages précédentes.
Sans aller aussi loin qu'Owen, qu'Huxley ou que
Lubbock, j'admets que de l'œuf au bourgeon il existe
des intermédiaires (1). Nous venons de voir qu'il en
est ainsi dans l'ordre des faits anatomiques. Il en est

(1) On voit que dans ma pensée il y a là encore toute une étude
à faire, étude que me semblent rendre nécessaire les progrès
mêmes de la science; on comprend d'après cela le plaisir avec
lequel j'ai vu M. Lubbock s'engager dans cette voie par le dernier travail que je connais de lui, et qui déjà semble tendre à confirmer quelques-unes des vues que je viens d'indiquer (*Notes on
the generative organs and on the Formation of the egg in the
annulosa. Philos. Trans.* 1861).

encore de même dans l'ordre physiologique. Il suffit de se rappeler ces espèces qui produisent des femelles ou des mâles, selon que le père intervient ou qu'il n'intervient pas (*abeilles*); surtout celles qui dans une même ponte expulsent à la fois des germes pouvant se développer tout seuls et d'autres germes qui périssent s'ils ne sont pas fécondés (*vers à soie*).

Dans ces espèces rien jusqu'ici n'autorise à penser que les corps reproducteurs aient une constitution primitive différente; et comme il en est qui sont incontestablement des œufs, il doit en être de même des autres (1).

Malgré les réserves que je viens de faire, la parthénogenèse n'en est donc pas moins à mes yeux un fait constant.

J'admets, avec tous mes confrères, qu'il existe de vraies femelles, pondant de véritables œufs, lesquels se développent sans que le mâle intervienne d'une façon quelconque. Seulement je pense qu'on a regardé ce phénomène comme bien plus fréquent qu'il ne l'est en réalité.

Reste maintenant à en rendre compte.

Mais la chose est-elle possible? Trouverons-nous la cause de ces phénomènes dans la *transmission de*

______

(1) A ces raisons toutes théoriques j'ajouterai que la figure donnée par Leuckart et qui représente l'ovaire de la *Solœnobia lichenella* paraît prouver que cette espèce dans laquelle ce naturaliste et M. de Siébold ont démontré l'existence de la parthénogenèse produit vraiment des œufs caractérisés dès le début par la vésicule de Purkinje et la tache de Wagner.

l'action fécondante imaginée par les anciens auteurs, dans la *force spermatique* d'Owen ou dans l'*hermaphrodisme des œufs* admis par M. Barthélemy? Ces hypothèses sont en réalité aussi gratuites l'une que l'autre. Elles nous entraînent également loin de l'observation directe. Laissons-les donc également de côté, et reconnaissons franchement avec Huxley que la physiologie est encore trop jeune pour deviner toutes les énigmes posées par le sphynx de la science.

Mais, s'il est sage de s'abstenir d'explications évidemment prématurées, il est permis de faire des rapprochements, et c'est ce que je voudrais essayer.

Nous avons vu dès le début de ces études l'*œuf non fécondé* d'espèces chez lesquelles rien jusqu'ici ne rappelle la parthénogenèse, prouver qu'il a sa vie propre par des mouvements tout à fait analogues à ceux qui, dans l'*œuf fécondé*, aboutissent à la formation du nouvel être. Nous avons reconnu que chez les hermelles, le taret... etc., cette vie s'épuise vite par l'exercice même. Or, supposons un œuf possédant une énergie vitale un peu plus prononcée; il est clair qu'il commencera à s'organiser. C'est précisément ce qu'on observe dans la très-grande majorité des œufs d'une femelle vierge de ver à soie (1).

____

(1) Par suite de mes études sur la maladie qui ravage depuis si longtemps nos régions séricicoles, j'ai eu l'occasion d'ouvrir un grand nombre de cocons contenant des papillons femelles qui n'avaient pu sortir. La plupart avaient pondu des œufs, et certes on ne pouvait ici soupçonner l'intervention d'un mâle. Or, en

— Augmentons encore un peu par la pensée cette provision de vie que l'œuf emporte avec lui, et nous le rendrons capable de constituer un embryon, parfaitement reconnaissable, mais qui périra avant l'éclosion. C'est là ce qu'avait observé Hérold (1), ce que Siébold a également vu. — Admettons enfin que — accidentellement dans certaines espèces, normalement chez d'autres — l'énergie vitale de l'œuf acquière un degré de plus ; cet œuf deviendra capable de produire à lui seul un être complet, et nous aurons la *parthénogenèse* avec tous ses degrés telle qu'elle apparaît chez le ver à soie et dans les autres espèces dont nous avons parlé.

Envisagée à ce point de vue la parthénogenèse est *non pas expliquée*, cela est vrai, mais au moins *rattachée à d'autres faits;* et cela seul permet d'aller un peu plus loin.

Au fond, et lors de la première apparition à l'état de vésicule germinative (2), le corpuscule, qui deviendra plus tard un œuf, se constitue par le même

général ces œufs avaient changé de couleur et présentaient les teintes caractéristiques qui accusent l'organisation des couches superficielles du contenu. Dans un très-grand nombre de cas, on n'aurait pu les distinguer en rien des œufs les plus sains et du même âge.

(1) *Desquisitiones de animalium vertebris carentium in ovo formatione*, 1838.

(2) J'ai exposé, dans mes mémoires sur l'embryogénie de la hermelle et du taret, les motifs qui me font regarder la vésicule germinative comme précédant tous les autres éléments de l'œuf. Je crois qu'à l'origine c'est une sphérule homogène et sans enveloppe membraneuse.

procédé qui donne naissance au bourgeon. Tous deux sont le résultat de l'accumulation, sur place, d'une certaine quantité de matière plastique empruntée à l'individu préexistant. — Tous deux doivent donc leur origine première à un *phénomène d'accroissement*.

Or, nous l'avons déjà dit, l'accroissement d'un être vivant ne peut être indéfini. Voilà pourquoi la *reproduction par bourgeons* s'épuise ou s'arrête. — La *reproduction par œufs non fécondés* doit donc aussi avoir un terme.

C'est ici que reparaît toute l'importance du sexe mâle; mais pour bien comprendre le rôle que je lui attribue dans cet ensemble de phénomènes, il nous faut revenir sur nos pas.

Nous avons vu que les *œufs non fécondés* de hermelle ou de taret, abandonnés à eux-mêmes, manifestent leur vie propre par des mouvements qui rappellent d'abord ceux qu'on observe dans les *œufs fécondés;* mais nous avons vu aussi que ces mouvements ne tardent pas à s'accélérer (1), à devenir irréguliers et à entraîner la destruction de ces œufs (2). Or, si, par une fécondation artificielle, on fait intervenir l'élément mâle avant que la destruction ne soit complète, les mouvements se ralen-

---

(1) Dans les œufs de hermelle cette accélération est telle qu'on peut suivre de l'œil les changements de forme de l'œuf, presque aussi aisément que ceux que présentent une amibe en marche.

(2) Cette destruction dans le principe ne tient certainement à aucune cause physique ou chimique; la putréfaction ne se manifeste que fort tard relativement.

lissent, se régularisent, et un certain nombre de ces œufs en voie de désagrégation se rétablissent de manière à donner des larves aussi bien portantes que si la fécondation avait eu lieu dès le début (1). — Il est évident qu'ici l'intervention du mâle a eu pour résultat de ranimer et de régler la vie de l'œuf prête à s'épuiser dans une action désordonnée.

Eh bien l'intervention du même élément, au milieu des phénomènes parthénogénétiques, me semble destinée à exercer une influence de même nature. La reproduction solitaire des femelles présente aussi de nombreuses irrégularités; elle tend à s'épuiser par son exercice même. — Le mâle vient alors ranimer cette faculté près de s'éteindre, et fournir, par le procédé fondamental de la fécondation, le point de départ nécessaire à la production, soit de nouveaux individus, soit de nouvelles générations.

Tout ce qu'on a recueilli jusqu'ici sur les phénomènes de parthénogenèse, justifie, je crois, cette manière de voir. Il est évident que chez les abeilles l'intervention du père est nécessaire une fois au moins par chaque deux générations. A en juger par l'expérience de M. Carlier, le cycle pourrait être de trois générations pour le liparis dispar. Il est probablement plus étendu encore pour les psychés et les

---

(1) Dans mon mémoire sur l'embryogénie des hermelles j'ai rapporté, avec quelques détails, une des expériences que j'ai faites à ce sujet et qui, je crois, ne laissent pas de place au doute (*Annales des sciences naturelles,* 1848).

espèces analogues (1). — Mais toujours l'intervention du mâle, revenant à un moment donné comme élément nécessaire de la perpétuité des espèces, est évidemment une des grandes lois de la nature.

Nous avons une preuve, matérielle en quelque sorte, de ce fait dans la structure extérieure des œufs des espèces les plus franchement !parthénogénétiques. Tous ont présenté à ceux qui les ont examinés les ouvertures spéciales destinées à permettre l'entrée de l'élément fécondateur. — Ici il y a je crois accord unanime parmi les naturalistes. Tous ont vu dans l'existence du *micropyle* la preuve qu'il devait servir tôt ou tard, et que peut-être il était toujours prêt à servir (2).

En définitive le père est tout aussi nécessaire que la mère à la durée indéfinie des espèces. Le point de

(1) Je ne fais entrer en ligne de compte aucun coccide, car je ne sais jusqu'à quel point la véritable parthénogenèse peut exister chez eux. Je ne parle pas non plus de ce grand nombre d'espèces qu'on regarde un peu trop facilement, je crois, comme parthénogénétiques, par cette seule raison qu'on ne connaît pas encore les mâles. A ce compte, les lernées auraient été longtemps regardés comme présentant le phénomène dont nous parlons. Il me semble que les naturalistes qui concluent si rapidement pourraient relire avec fruit les réflexions si sages qui terminent le beau travail de Siébold.

(2) Leuckart qui a commencé par séparer entièrement la parthénogenèse de la génération alternante, voyait entre ces deux phénomènes une différence essentielle, savoir que dans la première, une fécondation *peut* intervenir *dans chaque acte de reproduction*, tandis que dans la seconde la fécondation *doit* intervenir de temps à autre *dans certains actes de reproduction déterminés*. (*Bibl. univ. de Genève*, 1859.)

départ des générations formant un cycle quelconque n'est plus seulement *un œuf*; c'est *un œuf fécondé.*

Dès lors tout ce que nous avons dit de la multiplication par bourgeons et des générations provenant de ces germes, s'applique à la multiplication par *œufs non fécondés* et aux générations qu'ils enfantent. Elles aussi ne sont que des intermédiaires de valeur secondaire, interposés comme accidentellement entre les vrais père et mère et les vrais fils et filles. — Le cercle a beau s'étendre ou se déplacer, changer de rayon ou de centre, il se referme toujours.

Déjà nous avions reconnu que la *reproduction par bourgeons* internes ou externes, la *multiplication par boutures* naturelle ou artificielle, la *génération alternante* avec ses formes si variées... etc., n'étaient en réalité qu'autant de manifestations d'un seul et même grand phénomène. Nous sommes, on le voit, conduits à en dire autant de la *parthénogenèse.* — Elle aussi n'est qu'*un cas particulier de la généagenèse.*

CHAPITRE XXII

De la généagenèse chez les végétaux. — Rapports entre le règne animal et le règne végétal.

L'ensemble des faits résumés dans cette étude a conduit à des résultats d'une haute importance pour la physiologie générale. Un des plus remarquables, à coup sûr, a été de rapprocher chaque jour davantage le règne animal et le règne végétal, de faire disparaître quelques-unes des plus larges lacunes que les anciens croyaient exister entre les deux grandes divisions des êtres vivants. Depuis Peyssonnel jusqu'à MM. Owen et Steenstrup, presque tous les naturalistes livrés à ces curieuses études ont à l'envi signalé cette conséquence. Nous-même, à diverses reprises, nous avons insisté sur ce point. En faisant connaître les travaux de F. Dujardin, nous avons indiqué la ressemblance extrême que présentaient les faits observés chez les méduses par le zoologiste de Rennes avec ceux qu'avait révélés à M. Dutrochet (1) l'étude des champignons. Nous avons montré comment le mode de reproduction établissait des rapports fort inattendus entre les vers de nos rivages

(1) *Mémoires pour servir à l'histoire anatomique et physiologique des animaux et des végétaux*, Paris, 1837.

et les arbres de nos forêts, entre les syllis que nous venions d'observer à Bréhat et les dattiers cultivés par l'habitant des oasis (1). A mesure que les recherches se sont multipliées, ces rapports sont devenus plus frappants et plus généraux. Aujourd'hui on peut hardiment dire que, partout où intervient la généagenèse, il s'établit entre les deux règnes non pas seulement quelques-unes de ces analogies qui, pour être suivies, exigent un certain effort d'esprit, mais bien une similitude évidente, parfois presque une identité.

Pour ne pas être taxé d'exagération, il nous faut entrer ici dans quelques détails, et nous rendre bien compte de ce que sont une plante, un arbre ; mais, pour en arriver là, il faut d'abord savoir ce qu'est l'*individu*, soit dans le règne animal, soit dans le règne végétal.

Il ne saurait y avoir de doute à cet égard, quand nous parlons d'un homme, d'un pigeon, d'une grenouille. Chacun de ces mots représente à notre esprit un certain ensemble de parties — déterminées quant à leur nombre et à leurs relations — nécessaires pour former le tout, l'individu. Qu'une seule de ces parties vienne à se multiplier ou à se transposer, et nous constatons tout de suite l'anomalie. Qu'une seule vienne à manquer, et sur-le-champ nous reconnaissons que le tout, que l'individu n'est pas complet. — Cette appréciation se traduit souvent jusque dans le langage, et de là ces expres-

(1) *Souvenirs d'un Naturaliste.*

sions de monstre, de borgne, de manchot, etc.,
qu'on retrouverait peut-être dans toutes les langues.

Ce que nous venons de dire de l'homme et de
quelques animaux bien connus de tous nos lecteurs
s'applique à une infinité d'autres espèces. — Un naturaliste reconnaîtra du premier coup d'œil qu'il
manque à un insecte une aile ou une patte, à un
mollusque un tentacule, à une astérie un de ses
rayons, à une méduse un de ses filaments. Pour lui,
ce seront autant de *touts* ayant perdu quelqu'une de
leurs parties, autant d'individus incomplets. Que ces
mêmes organes soient plus nombreux qu'à l'ordinaire, que leurs rapports soient quelque peu changés, et le naturaliste jugera qu'il a devant lui des individus monstrueux.

Mais ce même naturaliste, placé en face d'un pied
de corail ou d'une plaque d'ascidies composées quelque peu mutilés, ne pourra plus se prononcer
comme il le faisait tout à l'heure, à moins que des
traces de cassure, de déchirure, etc., ne trahissent
un accident arrivé à l'objet qu'il examine. Quelque
nombreuses que soient les branches du corail ou les
figures géométriques dessinées par les ascidies, le
savant le plus sévère ne verra ici rien de monstrueux.

De ce fait seul, on pourrait conclure que le polypier, que la plaque, ne sont pas des individus, malgré
la forme générale qui les caractérise et permet souvent de distinguer à première vue les diverses espèces.

Une observation attentive confirme cette conclusion. — Dans les deux cas, on reconnaît la présence

d'un grand nombre d'êtres dont l'agrégation constitue l'ensemble. Or chacun de ces êtres présente des
conditions identiques à celles que nous trouvons
chez l'homme lui-même. Il se compose de parties
dont le nombre et les rapports sont déterminés.
Chacun d'eux est donc un animal, un individu distinct. Le polypier, la plaque, ne sont que des agréga-
tions. Ce sont pour ainsi dire des villages ou des villes
dont les polypes sont les habitants et les loges les
maisons. Or l'on comprend qu'habitants et maisons
peuvent se multiplier ou diminuer sans rien changer au fond des choses. Paris et Constantinople
restent ce qu'ils sont dans le monde en dépit d'une
épidémie ou d'une exposition, et bien que l'un étende
chaque jour ses faubourgs, tandis que l'autre brûle
les siens de temps en temps. Il en est exactement de
même des polypiers, des plaques d'ascidies.

Ces idées, depuis longtemps admises en zoologie,
ne sont entrées que plus tard dans la botanique, et
pourtant, là plus qu'ailleurs peut-être, leur vérité
est incontestable.

Quels que soient les accidents de la végétation, un
tilleul, un chêne restent toujours *un arbre*; un myrte,
un rosier sont toujours *un arbrisseau*. Pour le savant
pas plus que pour l'homme du monde, aucun d'eux
n'est monstrueux ni incomplet, qu'il soit grand ou
petit, que ses rameaux soient touffus ou rares, qu'il
ait poussé en pleine liberté ou qu'on l'ait sévèrement
émondé. Il n'y a donc rien de déterminé dans le
nombre de ses parties; il n'est donc pas un individu.

Dès lors il ne peut être qu'une agrégation. — Tout arbre est une espèce de *polypier végétal*, dont la partie commune est représentée par le tronc, les racines, les branches.

Mais comment distinguer et isoler les êtres correspondants aux polypes, les individus végétaux?

Ici les botanistes ne sont pas d'accord. — Les uns, voyant la feuille plus ou moins modifiée reparaître presque partout comme élément fondamental, ont voulu trouver en elle *l'individu végétal*. D'autres, ramenant cette même feuille à la condition d'organe, ont cherché l'individualité dans le germe, c'est-à-dire dans la graine et dans le bourgeon. Ils ont considéré comme *individu* le rameau produit par l'une ou par l'autre. — Bien des faits et souvent les mêmes, différemment interprétés, sont invoqués par les partisans de ces deux opinions.

Nous n'avons pas le droit de décider entre elles; pourtant la seconde, appuyée principalement sur l'embryogénie et ayant incontestablement pour elle l'analogie, nous semble devoir être préférée. En conséquence, nous l'adopterons dans le parallèle à établir entre les animaux et les végétaux, bien que M. Owen ait opté pour la première. — Au reste, les deux manières de voir se prêtant également bien au rapprochement des faits constatés dans les deux règnes, les idées que nous allons exposer seront au fond en partie celles qu'a déjà publiées notre illustre confrère ; mais la forme sera un peu différente, et cela même nous conduira à quelques considérations qui ont échappé à nos prédécesseurs.

Nous venons de voir que l'arbre ressemble au polypier, non pas seulement par sa forme mais encore par sa nature complexe. Ni l'un ni l'autre ne sont des êtres simples ; tous deux ont pour élément l'individu végétal ou animal ; tous deux sont des colonies.

Comment s'accroissent et se multiplient ces colonies ? — Ici apparaissent dans tout leur jour les similitudes dont nous parlions plus haut.

Quand un rameau de plus va s'ajouter à ceux que porte un rosier, que voyons-nous d'abord ? Un bourgeon. — Quand un nouveau polype doit naître sur un pied de coryne, qu'est-ce qui annonce sa venue ? Un bourgeon.

Dans les deux cas, le nouvel hôte de la colonie, le nouvel individu, n'est au début qu'une simple accumulation de matière organisable, placée sur un point de la partie commune, sans cesse accrue par le tourbillon vital, et que la vie façonne pour en faire un végétal ou un animal.

Dans le plus grand nombre des cas, le bourgeon développé sur la coryne devient un polype sans organes sexuels, mais muni de longs tentacules et d'un ample appareil digestif. Impropre à la reproduction, il est uniquement chargé de guetter, de saisir, de digérer toute proie qui passera à portée de ses bras. Les sucs nutritifs ainsi préparés tombent dans un système de canaux qui les portent d'abord dans le pied du polypier, puis à chacun des individus réunis sur ce pied. — Le polype dont nous parlons est donc employé seulement à nourrir la colonie.

Les choses se passent exactement de même sur le rosier. Le plus souvent le bourgeon devient un rameau garni de feuilles. Or, celles-ci ont pour fonctions de puiser dans l'atmosphère divers matériaux gazeux, et principalement l'acide carbonique; de les mêler à une séve liquide qui vient des racines à travers le tronc et les branches; d'élaborer ce mélange et d'en faire un suc nutritif qui, revenant en sens inverse, va alimenter le tronc lui-même et toutes ses ramifications. — Les feuilles sont donc essentiellement les organes d'absorption, d'exhalation, de respiration, d'élaboration; et le rameau, qui ne porte pas autre chose, ne saurait remplir que des fonctions de nutrition.

Sur le rosier comme sur la coryne, nous trouvons donc des *individus exclusivement nourriciers.*

A un moment donné, il naît sur la coryne des bourgeons, d'abord tout semblables aux précédents, mais qui deviennent des polypes bien différents de ceux dont nous venons de parler. — Ces nouveaux venus n'ont plus de bras, plus de bouche : leur appareil digestif est tout à fait rudimentaire. En revanche, ils sont pourvus d'organes qu'à leurs produits on reconnaît pour des organes sexuels. Isolés, ces polypes périraient bientôt faute d'alimentation; mais nourris par leurs frères, ils croissent et se développent pour propager l'espèce. A cela se borne le rôle qui leur est dévolu. — Ce sont autant d'*individus reproducteurs.*

Il en est exactement de même pour le rosier. — Un certain nombre de bourgeons, au lieu de se transformer en rameaux, donnent naissance à des fleurs. Les feuilles, profondément modifiées et revêtues de fonctions plus nobles, se changent en sépales et en pétales pour former le calice et la corolle, en étamines, en pistils, qui représentent les deux sexes réunis dans la rose comme ils le sont chez un si grand nombre d'animaux. Ainsi métamorphosé, le rameau ne saurait se nourrir lui-même : il tombe à la charge de la colonie, dont en revanche il assure la propagation. — Il est devenu lui aussi un *individu reproducteur*.

Sur le rosier comme sur la coryne, tout se passe donc jusqu'ici exactement de la même manière.

La coryne mère produit des œufs, la rose porte des graines. Ici encore toute différence disparaît entre les deux règnes pour qui laisse de côté les accidents de forme et de complication ou de simplicité spécifique. — Dans les deux sortes de corps reproducteurs on trouve une partie essentielle (le germe dans l'œuf, l'embryon dans la graine), destinée à se transformer en être vivant. Chez l'un et chez l'autre se montrent des parties accessoires qui nourriront le jeune animal, le jeune végétal, et qui s'appellent vitellus, albumen, dans l'œuf périsperme ; cotylédons, dans la graine. Œuf et graine ont en outre des enveloppes protectrices plus ou moins multipliées et peuvent être groupés par centaines ou complétement isolés. — Si, réunissant ces traits généraux, on trace les figures idéales de la graine et de l'œuf, il sera presque impossible de les distinguer l'un de l'autre.

Dans l'animal comme dans la plante, la reproduction par bourgeons s'opère en entier sur place aux dépens du parent immédiat. — Dans les deux règnes, la reproduction par œuf et par graine exige d'ordinaire le concours de deux éléments préparés par des organes spéciaux. Que ces organes soient réunis sur le même individu ou portés par des individus distincts, les choses se passent toujours de la même manière. Il y a un père et une mère; une étamine et un pistil; un élément qui féconde, un autre qui doit être fécondé. Presque toujours, sans la fécondation, l'œuf, quoique présentant ses trois sphères caractéristiques, n'aura point de germe proprement dit; sans elle, la graine ne sera qu'un corps rudimentaire caché à la base du pistil et dépourvu d'embryon.

Ainsi, dans la plante comme dans l'animal, à côté de la reproduction agame nous rencontrons la reproduction sexuelle. Toutes deux dans les deux règnes sont soumises aux mêmes conditions, et s'il nous était permis d'entrer ici dans des détails techniques, nous les verrions partout accompagnées de phénomènes presque identiques.

Pour voir jusqu'où s'étend la ressemblance des rapports qui relient ces deux modes de reproduction chez les animaux et chez les plantes, faisons comme M. Owen; plaçons à côté l'un de l'autre un œuf et une graine. — Tous deux ont été fécondés.

De l'un sort une larve ciliée, de l'autre un premier rameau portant deux feuilles cotylédonaires, épaisses, charnues, et tout à fait différentes de celles qui leur succéderont. La larve se fixe et se transforme en une sorte de bourgeon cylindrique. La tigelle du rosier s'allonge, terminée également par un bourgeon. Jusqu'à ce moment, le polypier, comme la plante, s'est développé à peu près exclusivement aux dépens de matériaux fournis par le vitellus de l'œuf, par les cotylédons de la graine; mais du bourgeon animal sort un polype pourvu de bras pour la chasse et d'un appareil propre à la digestion; le bourgeon végétal devient un rameau garni de feuilles. Dans les deux règnes, les individus qui se montrent d'abord sont uniquement chargés de saisir, de préparer des aliments. Grâce à eux, la colonie s'étend; de nouveaux bourgeons apparaissent et se développent, mais longtemps encore ils ne produisent que des *individus nourriciers*. — Fonder et étendre la communauté, assurer son existence, tel est évidemment le plus pressant besoin, et les premiers habitants de ces cités animales ou végétales n'ont pas d'autres fonctions à remplir.

L'existence propre du polypier, de l'arbrisseau une fois assurée, il s'agit de pourvoir à leur reproduction. — Alors apparaissent les *individus reproducteurs*, polypes mâles ou femelles, parfois l'un et l'autre à la fois; fleurs portant étamines ou pistils, très-souvent l'un et l'autre. Les premiers produisent et fécondent des œufs; les secondes produisent et fécondent des graines. — Dans les deux règnes, tout est semblable. Le polype à sexes distincts est une *fleur animale;* la fleur est un *polype végétal sexué.*

Dans l'arbuste, dans le polypier, les individus produits successivement restent unis par une partie commune; mais il est facile de comprendre que, vinssent-ils à se séparer, il n'y aurait rien de changé au fond des choses. Or, c'est précisément ce qui arrive dans certains cas, chez les pucerons par exemple, et les figures de M. Owen traduisent pour l'œil lui-même ce que nous exprimons seulement par des mots. — De l'œuf pondu en automne sort au printemps un puceron neutre qui produit par gemmation d'autres individus semblables à lui, et qui pendant plusieurs générations se conduisent de même. Si tous ces descendants d'un même germe adhéraient les uns aux autres, nous aurions un vrai polypier. Pour s'isoler dès leur naissance, ils ne changent rien à leurs rapports de filiation. Voilà ce que M. Steenstrup a eu raison de soupçonner, ce que M. Owen a très-nettement démontré. Les pucerons neutres répondent aux polypes nourriciers de la coryne, aux rameaux stériles du rosier; les pucerons mâles et femelles représentent les polypes reproducteurs du polypier, les fleurs du rosier. Au point de vue où nous sommes placé, les derniers peuvent aussi être appelés des *fleurs animales.*

Parmi les faits généraux qui se rattachent à l'ordre d'idées qui nous occupe, il en est un sur lequel j'ai maintes fois insisté ailleurs, et qu'il est bon de rappeler ici.

La reproduction sexuelle n'a pour ainsi dire qu'un seul mode; la reproduction agame en a plusieurs, et chacun d'eux se retrouve également dans les deux règnes. — Chez certains végétaux, à côté du bourgeon proprement dit, nous trouvons le bulbille, véritable bourgeon semblable à celui dont nous parlions tout à l'heure, mais qui se détache du parent et va se développer isolément, à peu près comme le ferait une graine. Ce bourgeon caduc, nous l'avons découvert nous-même chez la synhydre, animal assez voisin des corynes. — Les algues inférieures se propagent par scission spontanée, et nous avons vu que les infusoires ne leur cèdent en rien à cet égard. — Trembley a multiplié l'hydre par boutures artificielles autant et plus peut-être que les horticulteurs ne l'ont fait d'un végétal quelconque. — Enfin la parthénogenèse se montre chez les plantes, avec des circonstances toutes semblables à celles que nous venons de lui reconnaître chez les animaux, et c'est là un fait sur lequel ont insisté avec raison MM. Lubbock et Dareste.

Spallanzani, qu'il est presque impossible de ne pas avoir à citer lorsqu'on parle physiologie, avait signalé ce fait dès le siècle dernier. Il avait obtenu des graines fécondes sur des pieds femelles de chanvre soigneusement préservés de toute action extérieure. Mais ce résultat heurtait trop les idées reçues pour être accepté, et de toute part on chercha à démontrer que l'habile expérimentateur avait été dupe de quelque illusion. Cependant, en 1820, M. H. Lecoq reproduisait, en les étendant, les expériences de Spallanzani, et arrivait aux mêmes conclusions (1). Enfin, M. Naudin, aide naturaliste au Muséum, a repris la question, et ses expériences, contrôlées par M. Decaisne, ne laissent plus la moindre place au doute. — Il est aujourd'hui positif que certaines plantes peuvent donner des graines fécondes sans que la fleur ait subi l'action du pollen.

Au reste, un fait qui se passe en ce moment même pour ainsi dire dans l'Europe entière, est la meilleure preuve qu'on puisse citer de la réalité de la parthénogenèse végétale. En 1829, le docteur Cunningham apporta de Moreton Bay (Nouvelle-Hollande), trois pieds d'une euphorbiacée à sexes séparés, qui furent déposés au jardin botanique de Kew (2). Ces trois exemplaires étaient femelles. Cependant ils donnèrent des graines qui parvinrent à maturité et se montrèrent fécondes. De Kew la nouvelle plante se répandit dans les autres jardins d'Europe, et partout elle n'a montré que sa forme femelle, qui partout aussi a donné des graines fécondes (3).

(1) M. Henri Lecoq, professeur à la faculté des sciences de Clermont, est aujourd'hui correspondant de l'Institut.

(2) Lubbock (*Account of the two methods of reproduction in Daphnia*).

(3) La cœlebogyne ilicifolia, dont il s'agit ici, a été étudiée par plusieurs de nos plus habiles botanistes, qui ont recherché

On le voit, pour animer la matière brute, qu'il s'agisse d'en faire une plante ou un animal, la vie obéit à une seule loi, emploie des procédés toujours les mêmes. De cela seul nous serions en droit de conclure, que dans les plantes comme chez les animaux, la reproduction agame, sous toutes ses formes, est un simple fait d'accroissement ayant pour résultat l'individualisation progressive et plus ou moins manifeste d'une partie du parent. — L'observation directe confirme encore cette conclusion. Il est vrai que l'individualité du bulbille, ou bourgeon caduc détaché de la tige où il est né, ne saurait être niée, mais celle du bourgeon fixe n'a été reconnue que fort tard; et celle d'un bourgeon quelconque à son origine ne peut pas plus être reconnue dans une plante que sur l'hydre.

Or, chez les plantes comme chez les animaux, l'accroissement a des limites; la reproduction agame doit donc avoir les siennes, et dès lors pas plus ici que dans le règne animal, elle ne saurait propager indéfiniment une espèce. Par conséquent, au bout d'un temps plus ou moins long, la reproduction par graines doit redevenir nécessaire. Par conséquent aussi, dans les plantes, comme chez les animaux, cette dernière est seule une fonction de premier ordre, et la reproduction agame n'est qu'une fonction

avec le plus grand soin les traces d'un appareil mâle sans pouvoir en rencontrer. Il faut donc bien la regarder, au moins jusqu'à nouvel ordre, comme un exemple de reproduction parthénogénétique, dont le cycle embrasse déjà plus de trente générations.

subordonnée. — Il est presque inutile de faire remarquer combien les faits s'accordent encore ici avec les déductions de notre théorie, au moins chez les végétaux abandonnés à eux-mêmes (1).

Nous voyons donc reparaître chez les plantes ces *cycles de reproduction* que Steenstrup a le premier signalés chez certains animaux. — Dans les deux règnes, ces cycles s'ouvrent par le développement d'un *œuf* ou d'une *graine fécondée*, embrassent un certain nombre de générations neutres et se ferment par la

---

(1) La division artificielle à laquelle l'homme soumet les végétaux par la bouture, le marcottage, la greffe, constitue un véritable procédé de multiplication par généagenèse. Ce procédé est-il indéfiniment applicable? Cette question posée dès le siècle dernier a été résolue en sens divers. Knight alla jusqu'à dire que la vie des individus reproduits par diverses méthodes ne pouvait dépasser celle de l'individu mère de la greffe, de la bouture, du tubercule... etc. (*Rapport de M. Chevreul sur l'ouvrage intitulé Ampélographie, par M. le comte Odart*). M. Puvis, tout en combattant les exagérations évidentes de Knight, a en partie embrassé ses opinions et en a fait aux espèces en général, et à l'homme lui-même des applications que M. Chevreul a justement réfutées. — Mais l'emploi exclusif de ces divers modes de multiplication ne doit-il pas avoir pour conséquence un affaiblissement général dans les individus obtenus? Tout ce que nous avons vu dans ces études sur la généagenèse, me porterait à répondre affirmativement. En outre, j'ai entendu M. Cosson soutenir très-nettement cette opinion, en se fondant sur des faits empruntés à l'histoire des végétaux cultivés. C'est à l'abus des reproductions généagénétiques que ce savant botaniste attribue, au moins en partie, ces maladies générales qui désolent nos cultures; c'est encore à la même cause qu'il rapporte la disparition graduelle du saule de Babylone, naguère encore si commun, et dont nous ne possédons en Europe que des individus femelles qu'il devient de plus en plus difficile de reproduire par boutures.

réapparition d'individus à sexes caractérisés. Quelque nombreuses que soient les générations comprises dans un cycle, tous les individus, animaux ou végétaux, neutres ou sexués, qui les composent, n'en sont pas moins le produit, direct ou indirect, d'un même œuf ou d'une même graine. — Tous sont donc les fils médiats ou immédiats de la mère ou du père qui ont produit et fécondé ce premier germe (1).

Les ressemblances que nous signalons ici se soutiennent jusqu'au bout. — Nous savons que l'hydre ou le puceron qui ont acquis des sexes caractérisés meurent presque aussitôt après avoir pondu leurs œufs. La coryne mère, après avoir émis ses germes fécondés, s'atrophie et est résorbée. Une fois qu'ils ont ouvert de nouveaux cycles et assuré l'avenir de l'espèce, ces individus reproducteurs ont accompli leur mission, et ils disparaissent. La vie des individus nourriciers se prolonge au contraire, car il faut entretenir la colonie et fournir des matériaux à de nouveaux bourgeons. — À peine est-il besoin de rappeler que nous retrouvons encore ici l'analogie déjà observée entre les végétaux et les animaux. Plus passagère que la fleur animale, la fleur végétale se flétrit avant même que la graine soit formée et avant qu'elle soit mûre. Le rameau floral, l'individu reproducteur végétal ne sert donc qu'une

____

(1) Les mots père et mère désignent ici, on le comprend, l'appareil mâle et l'appareil femelle, qu'ils soient isolés ou réunis sur un même individu.

fois, comme l'hydre et le puceron mères. Au contraire les rameaux foliacés, les individus nourriciers persistent sous les tropiques et dans nos arbres verts comme les polypes chasseurs de la coryne. Et s'il en est autrement pour la plupart des arbres de nos climats, le froid de l'hiver, qui suspend jusque dans le tronc tout mouvement vital, explique aisément cette différence apparente.

On le voit, pour tout ce qui touche à la multiplication des individus, à la propagation de l'espèce, le parallèle se soutient, depuis la naissance jusqu'à la mort, entre les végétaux les plus caractérisés et les animaux soumis à la généagenèse.

CHAPITRE XXIII

Réflexions générales. — Conclusion.

Nous venons d'analyser rapidement les trois grands phénomènes présentés par le règne animal dans le développement des êtres. — En résumant ce que nous avons dit de chacun d'eux, nous voyons la *transformation* se montrer partout et suffire à elle seule pour la plupart des animaux supérieurs. La *métamorphose* proprement dite apparaît ensuite, mais n'est au fond qu'un phénomène de transformation s'accomplissant sous nos yeux, au lieu de se passer dans les profondeurs d'un organisme ou sous la coque d'un œuf. — La *généagenèse* se montre en dernier lieu ; mais, ramenée dans son essence à un fait d'accroissement et d'individualisation progressive, elle rentre par cela même dans les deux autres phénomènes.

Ainsi nous pouvons répéter en toute assurance ce que nous disions au début de ce travail : la *transformation*, la *métamorphose* et la *généagenèse* ne sont que trois formes d'un seul et même fait entraînant les mêmes conséquences, aboutissant au même résultat.

Faire d'un germe rudimentaire un individu complet, tel est le but, telle est la fin de tous ces changements de formes et de proportions. — Il suit de là que la *métamorphose en général* est essentiellement progressive, qu'elle tend sans cesse à perfectionner quelque chose.

Sans doute, pour arriver à l'essentiel, elle sacrifie souvent l'accessoire, et, dans le développement récurrent de certaines espèces, ces sacrifices peuvent paraître excessifs. Pourtant là, plus qu'ailleurs peut-être, apparaît la vérité générale que nous venons d'exprimer. Dans un lernée par exemple, le corps entier se déforme et s'atrophie au profit d'un seul appareil; mais cet appareil est celui qui a pour fonction de perpétuer l'espèce. Dès lors il est le plus important, et dès qu'il entre en jeu, il absorbe pour ainsi dire tous les autres, par cela seul sans doute que l'animal ne peut suffire à l'entretien de tous.

A part les exceptions apparentes qui rentrent dans le cas précédent, le caractère de la métamorphose apparaît partout d'une manière éclatante. — Qu'un animal à simples transformations s'arrête à un degré quelconque de son développement, et une monstruosité naît du fait seul de cet arrêt. — Quant aux espèces à métamorphoses proprement dites et à généagenèse, leurs larves, leurs scolex ne sont jamais que des êtres incomplets, de véritables ébauches, qui se perfectionnent à chaque phase, à chaque évolution nouvelle, jusqu'au moment où reparaît le type primitif.

La métamorphose, simple *transformation* dans les êtres les plus parfaits, se complique à mesure que l'on se rapproche davantage des rangs inférieurs du règne animal. La *métamorphose proprement dite* ne se montre chez les vertébrés que comme un fait exceptionnel. Elle est presque générale dans les autres embranchements ; et, là encore, elle est d'autant plus complète que l'on est descendu plus bas. Il y a une différence énorme entre la chenille, larve d'un papillon, et le petit être cilié, larve d'une hermelle. La première est un animal très-compliqué, jouissant de fonctions étendues ; le second n'est pour ainsi dire qu'un vitellus revêtu de son blastoderme et hérissé de cils natatoires. — C'est que la chenille appartient à un représentant supérieur, la larve ciliée à un représentant inférieur du même type.

La généagenèse obéit à la même loi. Ses phases deviennent et plus nombreuses et plus tranchées à mesure qu'on l'étudie dans les régions plus bas placées du règne animal. Chez les articulés, elle n'est qu'une exception ; elle devient la règle chez les rayonnés.

A mesure qu'elle se complique, la métamorphose rend plus complexe l'idée que le naturaliste est obligé de se faire de chaque espèce.

Chez les animaux *à transformations*, cette idée est assez simple. Les grandes modifications se passant hors de notre vue, nous n'avons guère à combiner que les traits résultant des changements de livrée des jeunes et des différences qui distinguent le mâle de la femelle. — Dans les espèces *à métamorphoses proprement dites*, la difficulté s'accroît. Chez les insectes, il faut connaître la larve, la nymphe et l'a-

nimal parfait, toujours mâle et femelle. Chez le taret, il faut tenir compte de formes tout aussi tranchées, mais plus variables encore. — Enfin, chez les
animaux *à généagenèse,* pour connaître une seule espèce, il faut parfois embrasser les caractères de
quatre ou cinq êtres parfaitement dissemblables de
forme et de manière de vivre. Si l'expérience n'a-
vait parlé, qui aurait soupçonné le distome sous ses
formes de larve ciliée, de sporocyste, de cercaire
libre, de cercaire enkistée ?

Sous la forme de *généagenèse,* la métamorphose a
dû non-seulement rendre plus complexe l'idée que
l'esprit conçoit de telle ou telle espèce, mais encore
modifier profondément les notions acquises sur l'espèce considérée abstraitement et d'une manière générale. Jusqu'ici on avait entendu par ce mot une
succession d'êtres procédant directement les uns des
autres, et dont l'individualité persistait à travers un
nombre quelconque de changements plus ou moins
apparents. Aujourd'hui il faut ajouter que dans certains cas l'espèce se compose d'êtres parfaitement
distincts, procédant par multiplication les uns des
autres. A l'idée de *continuité d'individus,* qui se trouvait au fond de toutes les définitions données, il faut
joindre l'idée de *succession de cycles.* C'est là ce que
Chamisso a le premier parfaitement compris, ce
que Steenstrup a complétement démontré.

Sous sa forme de *métamorphose proprement dite* et
de *généagenèse,* le phénomène général qui nous occupe a paru longtemps fournir des armes aux parti-

sans de la génération spontanée. — Jusqu'à Rédi et
à Vallisnieri, les larves d'insectes étaient regardées
comme formées par l'action des forces physico-chimiques sur la matière organique en décomposition.
Dans quelques ouvrages, même des plus modernes,
les intestinaux sont cités comme des produits immédiats de l'organisme qui les renferme. — Nous
avons vu que les faits, mieux connus, conduisent à
une conclusion diamétralement opposée. On sait depuis longtemps que toute chenille provient de deux
papillons préexistants ; nous avons dit comment les
travaux récents démontraient l'origine des cercaires,
des cysticerques, etc. Nous savons aujourd'hui que
tous ces individus neutres, se reproduisant sans
sexes, et dont la multiplication fut si longtemps un
mystère, sont les équivalents de simples bourgeons ;
nous avons montré que le bourgeon et l'œuf lui-
même, quand il n'est pas fécondé, ne peut produire
que des individus, ou tout au plus un petit nombre
de générations ; enfin nous avons prouvé qu'à l'œuf
fécondé seul appartenait la tâche d'assurer la perpétuité de l'espèce.

Or ce fait général exige toujours une mère
pour sécréter l'œuf, un père pour le féconder. —
Médiatement ou immédiatement, tout animal remonte donc à un père et à une mère (1). Et ce
que nous disons en ce moment des animaux s'ap-

(1) Nous avons dit plus haut que ces expressions de père et de
mère s'appliquent à de simples appareils quand ces appareils sont
portés par le même individu.

plique, nous l'avons vu, également aux végétaux.

Par conséquent les découvertes relatives à la généagenèse sapent jusque dans ses derniers fondements la doctrine des générations spontanées.

Un père et une mère, c'est-à-dire un mâle et une femelle, telle est l'origine de tout être vivant. L'existence des sexes, dont la nature inorganique ne présente pas même la trace, se montre donc comme un caractère distinctif de la nature organisée, comme une de ces lois primordiales imposées dès l'origine des choses, et dont nous devons renoncer, au moins pour le moment, à trouver la raison. — A quelques exceptions près, plus apparentes sans doute que réelles, et dont le nombre diminue d'ailleurs chaque jour, on peut dire que le monde organique a été créé double, qu'il existe un monde mâle et un monde femelle. Des rapports plus ou moins étroits de co-existence peuvent régner entre eux ; mais toujours on les distingue, et il est vraiment remarquable que leur séparation, de plus en plus tranchée, soit un signe de perfectionnement. Ces deux mondes ne paraissent confondus que dans les plus infimes représentants des deux règnes. On ne rencontre d'hermaphrodites que dans les groupes inférieurs des quatre embranchements du règne animal; pas une des espèces placées en tête de ces grandes divisions, pas un vertébré, si ce n'est quelques poissons, ne présentent ce caractère (1) — Ainsi la réunion des

(1) M. Dufossé, médecin à Marseille, vient de rappeler l'atten-

sexes chez le même individu, bien loin d'être un signe de supériorité, accuse une dégradation véritable; elle est en quelque sorte une monstruosité.

La métamorphose atteint son maximum de manifestation dans la *généagenèse*. Celle-ci, simple fait d'accroissement à l'origine, débute évidemment par la *transformation;* mais chez les méduses, les intestinaux, etc., elle se complique aussi de *métamorphoses proprement dites* et comprend ainsi le phénomène général à tous les degrés.

De cela seul nous pourrions conclure qu'elle s'accomplit par les procédés que nous avons déjà signalés; mais les preuves à l'appui de cette conclusion ne sont ni difficiles à produire ni bien longues à énoncer. — La formation première du bourgeon n'est-elle pas essentiellement un fait d'*épigenèse*, son accroissement un fait d'*évolution simple*, ses modifications autant de phénomènes d'*évolution complexe*? L'état imparfait des organes reproducteurs du puceron neutre ne constitue-t-il pas un véritable *arrêt de développement ?* Ne trouvons-nous pas, dans l'histoire des méduses, des distomes, du ténia, mille exemples de *production,* de *destruction,* d'*appropriation des organes ?* — Pouvons-nous ici plus qu'ailleurs comprendre ces résultats sans admettre le *tourbillon vital ?* Non certes, et ce dernier repa-

tion sur des faits presque oubliés et de démontrer que, dans les diverses espèces du genre *serran* (*serranus*), on trouve un hermaphrodisme bien caractérisé. Cette exception est jusqu'à ce jour unique dans l'embranchement des vertébrés.

raît encore avec le caractère de procédé général que nous signalions dans les premières pages de ce travail.

Nous voilà donc pour ainsi dire revenus à notre point de départ. Insistons un instant sur ce fait et tirons-en quelques conséquences.

Nous avons vu le tourbillon vital présider aux transformations. Seul il nous a permis de comprendre les métamorphoses ; seul encore il explique les phénomènes bien plus complexes de la généagenèse. — Il est donc impossible de ne pas voir dans ce double mouvement d'apport et de départ un fait fondamental, et, en quelque sorte, la cause immédiate de la formation, du développement, du parachèvement des êtres vivants.

Cependant, quoi qu'aient pu dire quelques naturalistes qui ont voulu s'arrêter à ce fait, il faut y voir le résultat d'une cause plus haute ; car, inerte par elle-même, la matière ne se meut que sous l'impulsion des agents ou des forces. — Tout mouvement matériel est d'abord un *effet* avant de devenir *cause* à son tour. Quel est donc l'agent qui remue ici la matière ? Avec quelques physiologistes, invoquerons-nous les six ou huit forces admises par les physiciens et les chimistes pour expliquer les phénomènes qui se passent dans les corps bruts (1) ? Depuis long-

(1) Les physiciens et les chimistes accusent volontiers les naturalistes de se payer d'un mot en admettant l'existence d'une force particulière, pour se rendre compte de l'ensemble des phénomènes qui caractérisent les êtres vivants. Il est vrai que l'astrono-

temps nous avons répondu à cette question (1). Oui, il y a dans les êtres organisés des phénomènes de chaleur, d'électricité, de lumière ; oui, les affinités chimiques, les attractions capillaires s'y manifestent à chaque instant ; oui, l'on y trouvera peut-être des faits qui se rattachent à la catalyse et à l'épipolisme. — Mais, ces phénomènes s'accomplissent, ces faits se produisent sous l'influence d'un agent plus élevé, dont il est en vérité impossible de nier l'existence. L'électricité, la chaleur, les affinités chimiques agissent dans l'être vivant et ne sont certainement pas étrangères à la production du tourbillon vital. Elles ne fonctionnent néanmoins que dominées et réglées par une force supérieure, par *la vie*, qui modifie ces forces brutales et leur fait produire, au lieu de sels ammoniacaux, du sang et des muscles ; au lieu de cristaux de phosphate calcaire, des os ; au lieu de corps bruts, des plantes et des animaux.

Mais toute force est aveugle et veut être dirigée.

mie explique les mouvements des corps célestes par la seule hypothèse de la gravitation ; mais pour expliquer le jeu de leurs instruments ou les produits de leurs laboratoires, le physicien et le chimiste invoquent tour à tour la pesanteur, la lumière, la chaleur, l'électricité, le magnétisme ; d'autres y joignent l'affinité, la capillarité, l'endosmose, la catalyse, l'épipolisme, etc., tout cela pour les corps bruts seulement ! Après s'être montrés si peu exigeants pour eux-mêmes, c'est en vérité l'être beaucoup envers les naturalistes que de leur refuser d'admettre comme présidant aux phénomènes si caractéristiques, si variés, si complexes, de la nature organisée une seule force de plus.

(1) Dans mes *Souvenirs d'un naturaliste*, et dans plusieurs articles insérés dans la *Revue des Deux Mondes*.

— Pour produire une espèce déterminée et non pas l'espèce voisine, pour ne pas s'égarer au milieu des phases si variées de la métamorphose et de la généagenèse, il faut que la vie elle-même soit maîtrisée par quelque chose de supérieur.

Ce quelque chose, c'est l'essence propre de chaque être, essence que toute plante, que tout animal a reçue de ses ancêtres par l'intermédiaire de la graine ou de l'œuf d'où il est sorti, qu'il transmettra à ses descendants par l'intermédiaire des germes qui sortiront de lui. Nous aurons beau remonter les générations et les âges, toujours les mêmes questions se dresseront devant nous, et toujours les mêmes faits amèneront les mêmes réponses. — Pour expliquer la nature vivante, il nous faut donc aller jusqu'à l'origine même des choses.

Mais ici l'observation, l'expérience, ces deux guides que la science humaine ne doit jamais perdre de vue, lui font absolument défaut. Force est donc au véritable savant de s'arrêter, pour ne pas mettre le pied sur ce terrain des hypothèses et des rêves où il est si facile de s'égarer, où la vérité même, — à supposer qu'on la rencontrât, — ne pourrait être reconnue à aucun signe certain.

FIN.

TABLE DES MATIÈRES

FIN DE LA TABLE.

CORBEIL. — Typ. et stér. de Crété.